それでも
命を買いますか？

ペットビジネスの闇を支えるのは誰だ

杉本　彩

ワニブックス
PLUS新書

はじめに

２０１４年２月、私たちは「一般財団法人動物環境・福祉協会Ｅｖａ」を設立しました。翌年の２０１５年２月には、内閣府より公益性の高い活動であることが認められ、公益認定を受けました。現在は公益財団法人として活動しています。

「公益財団法人動物環境・福祉協会Ｅｖａ」は、動物たちを取り巻くさまざまな問題を根本から改善しなければならないと考えています。そして、人と動物が幸せに共生できる社会の実現を目指し、動物たちの命の尊厳を守るため、動物福祉の向上のため、国や自治体に政策提言を行っています。

現状の問題を正しく把握するために、全国の動物愛護センターや収容施設、また民間のシェルターの視察も行っています。さまざまな情報を集め、他の動物愛護団体とも情報を交換しながら活動しています。

そのなかでも私の重要な役割が、各地で講演を行い全国に向けて動物愛護の普及啓発に努めることです。これまで芸能で培った自分の知名度を生かし、この問題についてまだ知らない人にも耳を傾けてもらうことで、より多くの人に現状を知ってもらう必要性を感じています。国や自治体を動かすには、私たち国民の声が大きな力あるものにならなければなりません。それには、動物を取り巻く問題を、まずは広く周知することが第一歩だと思っています。

このように組織として活動をする以前の私は、20代の頃から約24年間、個人で保護活動を行い、約10年前からは動物愛護の普及啓発も積極的に行うようになりました。

しかし、私たちの声をより大きなものにしていくには、個人の力の限界を感じ、組織化することを決断したのです。

そもそも、個人で活動をするようになったきっかけは、1匹の子猫を助けたことでした。仕事中の撮影所の敷地で病気の野良の子猫と出会い、放っておいたら間違いなく弱って死んでしまう子猫を、見て見ぬふりはできず病院に連れて行きました。しばらく入院させたあと、元気になった子猫の里親を見つけるまでの間、自宅で面倒を見ました。長い間一緒に過ごしすっかり情が移っていたのですが、すでに2匹の猫と暮らしていたので、新しい飼い主を探すことが賢明だと判断しました。

しかし、里親さんに子猫を譲渡するとき、号泣するほど別れの悲しみが抑えきれず、里親さんが子猫をもらうのを躊躇《ためら》ったほどでした。何日も前からこの日のことを覚悟してお世話していたにもかかわらずです。

自分の感情のままに、そのまま連れて帰ることもできたのですが、感情に流されていると今後同じようなことに遭遇したとき、手を差しのべることができないと思いました。優先すべきは自分の感情ではなく、子猫の幸せであることを一生懸命自分に言い聞かせたのです。

今思えば、なぜそこまで自分を制することができたのか不思議ですが、無意識に私の生きる道を決めた瞬間だったのかもしれません。

私が動物愛護活動を始めた当初に比べれば、日本でも動物愛護の意識が高まりつつあることは感じています。しかしそれでもまだまだ問題の全貌を知らない人がほとんど。動物愛護に携わっている人であっても、知らないことが少なくありません。各々の問題は理解していても、問題と問題がどのように絡み合っているか、それがどのように問題を複雑化させ、改善の道の妨げになっているかまでは理解していないことが往々にしてあるのです。


本書を通じて、動物と人間の問題についての本質や根源を一人でも多くの方に知っていただきたくて、考えるきっかけにしていただきたくて、筆をとりました。この問題が動物に限定されたことではなく、私たち社会の道徳的水準と文化的水準を左右する非常に重要な問題であることも、きっとご理解いただけることと思います。

そして願わくば、尊い命のために、やさしい社会の実現のために、どんな小さなことてもかまいませんから、行動してくだされば幸いです。

杉本　彩

目　次

第1章

日本の動物たちに何が起こっているのか

「殺処分の減少」――処分数：年間10万1000頭のカラクリ

環境省の統計によると平成26年度、15万頭以上の犬猫が保健所など自治体の施設に引き取られ、そのうちの約7割に近い10万1000頭が殺処分されています。単純計算で1日に277頭もの犬猫が「望まぬ死」を選ばされているということになります。

平成25年度は12万8000頭、24年度は16万2000頭、さらに10年前の平成16年度には39万5000頭、平成元年度は101万5000頭だったことを考えれば、殺処分数は年々、右肩下がりに減少していることがわかります（15ページのグラフ参照）。

しかし、この数字を額面どおりに信用していいのでしょうか。

答えは「NO」です。なぜならこの数字は、あくまでも環境省が発表したものだから。殺処分数の減少の裏にはあるカラクリがあるのです。

そのカラクリとは、殺処分になってしまう犬猫をボランティアの動物愛護団体が救っているという実態です。

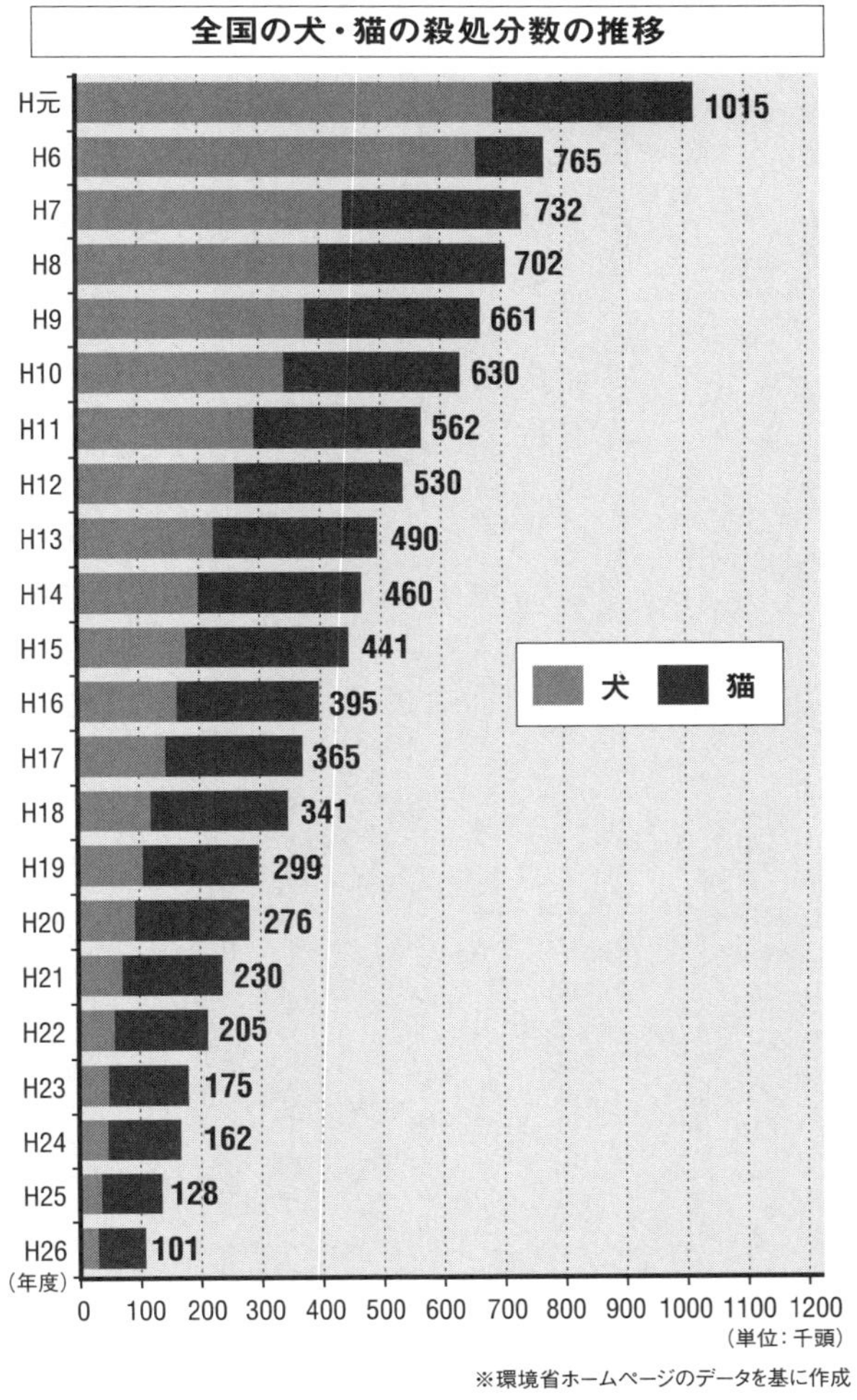
全国の犬・猫の殺処分数の推移
H元
H6
H7
H8
H9
H10
H11
H12
H13
H14
H15
H16
H17
H18
H19
H20
H21
H22
H23
H24
H25
H26
(年度)
1015
765
732
702
661
630
562
530
490
460
441
395
365
341
299
276
230
205
175
162
128
101
犬
猫
0 100 200 300 400 500 600 700 800 900 1000 1100 1200
(単位：千頭)
※環境省ホームページのデータを基に作成

「行政の保護施設に引き取られたらほとんどの犬猫は殺処分になってしまう」という現実を知り、「放っておけない」という思いで殺処分になる前に保護施設から犬猫を引き取って、自分たちで飼い主探しをするボランティアが増えているのです。

こうした活動の広がりは、同じ動物愛護活動をする者として非常に心強いこと。神奈川県では、2014年度に犬猫ともに殺処分ゼロを達成しましたが、ボランティア団体の懸命な活動による貢献がなければ、それもかなわなかったでしょう。

行政の保護施設に収容されている犬猫を自らの施設で引き取り、ケアやしつけをし、新しい飼い主探しのための譲渡会を主催する——ボランティア団体は、そうした地道な活動を続けて犬猫たちに新しい居場所を見つけ、殺処分されるはずの命をギリギリのところでつなぎ留めてきたのです。

しかしながら、そこには施設の確保や飼い主探しのために手間や時間、そしてお金の負担が大きくのしかかっているのも事実です。私は今、神奈川県の動物愛護推進応援団の応援団長をさせてもらっていますが、2014年度は何とか達成できた殺処分ゼロを、翌年以降も継続できる保証はありません。

それでもみなさん、動物の命を守りたいという一心から、身を削りながら救出活動を続けています。

殺処分になる犬猫の数は全国で右肩下がりに減少している――それは行政の取り組みによる成果のみではありません。その多くはボランティア団体の活動とその貢献によって生み出された側面も大きいのです。

以前、望月義夫環境大臣（当時）を訪ねて殺処分に関する現状などを説明させていただく機会がありました。資料もすべて揃えて、「殺処分の減少はボランティア頼みによるもの」という事実もお伝えしたのですが、大臣は「その実態を知らなかった。聞いていた話と全然違う」と驚かれていました。

周囲の役人たちは「殺処分数が減っています。状況は好転しています」と言うだけで、その背景にあるボランティア団体の貢献やペット流通の問題などは伝えないわけです。

事実を伝えれば、「じゃあ君たちは何をやっていたんだ」となり、自分たちの仕事が増えかねない。だから〝イイトコ取り〟で数字が減っているという部分だけを伝えているように思えてなりません。

殺処分の現場の実情が上に正しく伝わらず、ボランティアの善意にお任せで、行政はなかなか本腰を入れて取り組まない。結果、ボランティアだけが疲弊していく——殺処分減少という〝功績〟の陰では今もこうした負のスパイラルが続いているのです。

ゼロを目指すのではなく、殺処分そのものの即廃止を

近年、日本でも「殺処分数ゼロを目指す」という取り組みが広がってきましたが、私はそもそも「ゼロを目指す」という発想自体に違和感を覚えています。

なぜなら、殺処分があることが前提になっていて、「その数をできるだけ減らしていきましょう、結果としてゼロにしましょう」という意味合いに思えるからです。

しかし数を減らすことが目標だと、例えば、「殺処分数１０００頭が３００頭に減った」ら「状況は好転している」ということになりかねません。

しかし、そうでしょうか。そこでは３００頭の動物たちが、奪われなくてもいい命を奪われているのです。数字上の状況が好転したのなら、今回はこの３００頭の命は奪われても仕方がないのか――それは絶対に違います。減少とか好転ではなく、１頭たりとも不必要に殺されないシステムにしなければ意味がない。そうならなければ殺処分問題は何も解決しないのです。

ですから本当は、殺処分自体がおかしいのだと訴えるべき、「殺処分を廃止する」ことを目標にするべきです。求めていくのは「殺処分の数を減らす」ことではなく、「殺処分という行政業務そのものを認めない」ことであるべきだと思うのです。

なぜ、ここで〝不必要に〟と申し上げたのか。それは殺処分とは別に『安楽死』という死のかたちがあるからです。

本来の安楽死には、獣医による重篤な病気、手の施しようがない病状による甚大な苦痛から動物たちを解放するための、〝最終最後の医療行為〟という意味合いもあります。もちろん安楽死には安楽死で、さまざまな考え方があり、議論があります。

ただ言えるのは、人間の都合だけで捨てられ、虐待され、保護施設に引き取られ、奪われるいわれのない命を〝不必要に〟強制的に奪われる殺処分とは、その本質が異なるということ。

本書で問題にしているのは、奪われなくていい命を奪う殺処分という制度。安楽死（本来の意味での安楽死）とは別の問題と考えています。

2020年に東京オリンピック開催が決まったことで、動物愛護活動家の間でも、それまでに殺処分ゼロを国に働きかけていこうという機運が高まっています。

しかしそんな呑気な、悠長なことを言っている場合ではありません。こうしている間にも、今日にも明日にも、行き場がないというだけの理由で殺処分されてしまう犬や猫がいるのです。

死を待つだけの犬や猫にとっては、「外国人に『日本はいまだに殺処分が行われている国』だと思われたくない」とか、「動物愛護水準の低さを指摘されたくない」といった事情などどうでもいいこと。それこそ単に人間だけの都合でしかありません。だから、まず殺処分を即刻廃止する。

殺処分が制度として存在しているから、本当に扱いに困ったら殺してしまえばいいという常軌を逸した発想が生まれてしまう。人としての正しい感覚が麻痺して「ある程度は処分されて仕方がない」「殺処分は必要悪だから」といった、殺処分を正当化する発想が芽生えてしまうのです。

殺処分を遺棄された動物たちへの対処法の逃げ道にするなど、決して許されることではありません。

殺処分を廃止してしまえば、行政だって何とかしなきゃと本気で思うでしょう。動物愛護法を遵守させる取り組みを真剣に行わざるを得なくなります。

しかも、殺処分が行政上の業務である以上、それは税金で行われます。自分が払った税金が、なぜ動物の命を奪う業務に使われなければならないのか――私たちはそうした日本の行政の現状にも疑問を感じるべきです。そして、そんな税金の使い方をやめさせなければいけないのです。

「オリンピックまでに」などと言っている場合ではありません。国が、行政がその気になって動けば、殺処分の廃止はすぐに実行できるはず。

やるべきことを間違えてはいけません。「減らす」のではなく「やめる」。まず「殺処分という制度は存在しない」という大前提に立つ。

日本にとって、本当の意味での動物愛護活動はそこから始まります。

世界から非難されている、日本の殺処分制度

日本は海外から「犬や猫のアウシュビッツがある国」などと揶揄され、その殺処分の実態に非難が集まっています。では、海外では保護施設に引き取られた動物たちはどのように扱われているのでしょうか。

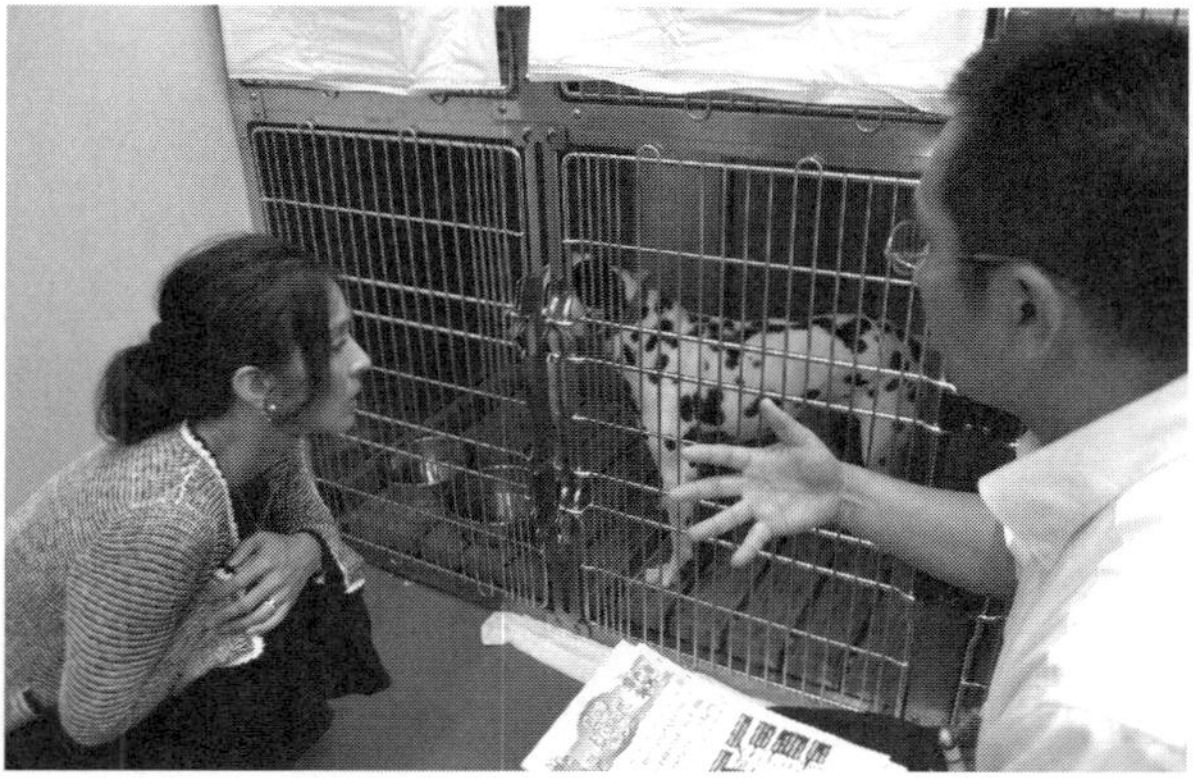

豊田市動物愛護センターにて講演会をした際に、センターの収容動物を見学

例えば動物愛護先進国のドイツの場合、保護された動物は「ティアハイム」と呼ばれる民間の動物保護施設に収容されて手厚いケアを受け、動物たちの新しい飼い主探しが行われます。飼い主が見つからない場合も即殺処分ではなく、施設によって飼育され、そこで命を全うするケースが日本に比べて非常に多いのです。

またオランダでは動物保護団体が運営する保護施設が170カ所近くありますが、すべての施設で殺処分は行われていません。保護施設はあくまでも、飼い主を失った動物たちが新しい飼い主を見つけるまでの

〝仮住まい〟という認識なのです。

そしてオランダ政府は、それらの施設に保護された動物に対して2週間分の飼育費用の援助を行っています。

さらに国立動物保護検査機関による立ち入り検査も毎年実施され、収容されている動物たちの飼育環境が厳しい目でチェックされています。

日本は、こうした国々でもはやスタンダードになっている「動物たちが持つ命の大切さ」や「高い動物愛護の意識」といった価値観を今こそ見習うべきなのです。

「殺処分減少」の陰で命を落とす多くの動物たち

話を日本に戻しましょう。

環境省が発表した平成26年度の犬猫の殺処分頭数は10万1０００頭。つまり、行政の保護施設に引き取られ、そこで命を落とした犬猫の数です。しかしこの数字はあくまでも〝行政が把握できている頭数〟に過ぎません。

その陰には、行政による殺処分の対象となった動物以外に、ペット業界の生産・流通過程において、落とすいわれのない命を落としている動物たちがたくさんいることを見逃してはいけません。

２０１４年度に国内のペットショップで販売されるなどして流通した犬猫は約75万頭に上り、そのうちの約３％にあたる2万３０００頭以上が、流通過程で死亡していることが判明しました（朝日新聞と雑誌『ＡＥＲＡ』の調査による）。

２０１３年に施行された改正動物愛護法によって、繁殖業者やペットショップ業者などは販売したり死亡したりした犬猫の数を報告することが義務づけられました。そのために、これまで発表されてこなかった約2万３０００頭という、もうひとつの新たな死亡実数が判明したのです。

しかし、これにしてもあくまで正規に報告された数字というだけ。もし業者が報告義務を怠っていれば、その数字はカウントされません。

・免疫力の低い幼齢期に売買の場にさらされるなかでの感染症などによる病死

・ショップやオークション会場への運搬途中の死

・売れ残った、出産できなくなったなどの理由で処分に困った業者に遺棄された末の餓死

etc.

こうした、業者にとっては闇に葬りたい、実態を知られたくない、報告されていない死がまだ数多く存在している可能性は十分にあります。この2万3000頭という数字にしても、やはり〝氷山の一角〟だと捉えるべきでしょう。

とはいえ、こうした数字が判明したことは、ペット業界、ペットの生産・流通が大きな問題を抱えた非人道的ビジネスであるかを知らしめ、厳しく規制するための大きなきっかけにはなるはずです。

この国で動物たちを苦しめ、痛ましい悲劇を引き起こしている大きな原因は、以下

の２つに集約されると私は考えています。

ひとつは、利益を上げるためだけに、いまだに動物の「生体展示販売」が平然と行われているペットビジネス業界の現実。

もうひとつは、「かわいい」という理由だけで自覚も覚悟もなく、衝動的にペットショップで動物を購入する無責任な飼い主の存在です。

次の章ではこれらの側面から、今の日本の〝圧倒的に遅れている〟ペット事情について述べようと思います。

第2章

動物の命が〝売買〟される国・日本

1．日本のペットショップ事情――断ち切れない負のスパイラル

巨大化する「生体展示販売」の裏側で起きていること

一般社団法人ペットフード協会の調査によると、2015年の日本国内での犬の飼育頭数は991万7000頭、猫の飼育頭数は987万4000頭。犬猫合わせると、1979万1000頭とされています。

ちなみに2015年の子ども（15歳未満の男女）の数は1617万人。少子化が叫ばれている日本では、子どもの数よりペットの数のほうが多いのです。

こうした背景もあって今や「ペット王国」とも呼ばれる日本。現在もペット産業・ペットビジネスは拡大を続けています。

しかし日本は本当にペットにやさしい国、ペットが暮らしやすい国なのでしょうか。

ケージやショーケースのガラス越しに見える子犬や子猫の姿に「かわいい！」という声が飛び交う――あちこちのペットショップでごく普通に見られる光景でしょう。このように、犬や猫など生きている動物を店頭に展示して販売する業態を「生体展示販売」と呼びます。

日本におけるペットの生体展示販売は伸び悩んでいるともいわれますが、私は逆に、この20年くらいの間に、ペットの生体展示販売の市場は巨大化しているのではないかと考えています。

近年、ペットの生体展示販売の中心は、従来の個人経営のペットショップから集客力の高いホームセンターやショッピングセンターなどに移行しています。つまり個人経営による「少数仕入れ・少数販売」から、大型専門店化やチェーン展開、大企業参入などによる「大量仕入れ・大量販売」へと、ペットビジネスのシステムが変化してきたということです。

私が「生体展示販売の規模はむしろ巨大化している」と考えるのは、こうした市場背景があるがゆえです。

生体展示販売には「利幅が非常に大きい」というメリットがあります。ペットショップでは、ペットフードやペットグッズを売るよりも、子犬や子猫が1頭売れるほうが利益は圧倒的に大きくなります。

犬種や猫種によって異なりますが、1頭で数万円から十数万円、種によっては何十万円という価格がつくケースもあります。例えば2000年代初頭、消費者金融会社のテレビCMの影響でチワワがブームになったときは、1頭50万円近い価格がついたこともありました。

そのため1頭売れれば1日の目標売り上げは十分達成できてしまいます。そうした〝うまみ〟があるからこそ、大手企業もペットの生体展示販売に参入し、その規模は巨大化を辿っているわけです。

また、かわいい子犬や子猫を展示することが〝動物園感覚〟の客寄せになるため、ショッピングモールなどで〝重宝がられる〟というメリットもあります。

現在の日本のペットビジネスは、この生体展示販売というビジネスモデルをベースにして成り立っています。

しかしその陰には驚くべき、そして心ある人ならば目を背けたくなるような実態が潜んでいます。子どもたちが群がるペットショップのショーケースの裏側には、動物たちがさらされている残酷な〝負のスパイラル〟が渦巻いているのです。

動物たちはどこへ行くのか――「かわいい」の期限が切れた犬猫の末路

ペットショップのケージやショーケースを見ると、常に小さな子犬や子猫がずらりと並んでいます。ぬいぐるみのようなおチビでかわいい子犬や子猫に人気が集まるのは当然と言えば当然でしょう。

実際に犬や猫が〝商品〟として価値が高いのは幼齢期です。その時期はお客さんからの人気もあって引く手もあまた。ですから高い値段で販売することができます。

ショップ側にすれば、姿がかわいい「旬」である幼齢期の子犬子猫をたくさん置けば、それだけ儲かるということになります。

とはいえ子犬も子猫も生きているのですから、当然成長します。どんどん大きくなっていきます。小さくてかわいい時期というのはほんの数週間しかありません。

ペットショップが与える食事を制限して成長速度をコントロールするといった話も聞きますが（これだけでも十分に恐ろしい話です）、それでも時間がたてば身体が大きくなるのは当たり前でしょう。

売る側にとってはこれが大きなネックになります。大きくなってしまった犬や猫は商品価値が一気に下がってしまうわけですから。

そうなった犬や猫は、値段を下げて〝セール品〟扱いでたたき売りされることになります。

ところが、それでも売れない犬や猫も出てきます。

良心的なショップでは従業員や知人が里親になって引き取るケースもあるようです

が、そうして引き取り手を探してもらえる機会に恵まれるのは、ほんのひと握りのケースです。

ならば、売れ残った動物たちはどうなるか――処分されます。

今のこのご時勢ですから、仕入れた商品がすべて売り切れることなど、まずありません。売れなかった犬や猫は、不良在庫として廃棄処分されてしまうのです。

以前は、売れ残った犬や猫を保健所や動物愛護センターに持ち込むのが処分方法の主流でした。

ただ、「保健所に引き取ってもらう」と言えば聞こえはいいですが、そこで犬や猫を待ち受けているのは多くの場合が殺処分。言ってしまえば、「売れ残ったら保健所で殺してもらう」というのが処分の実態だったのです。

しかし２０１３年９月に「動物の愛護及び管理に関する法律」（動物愛護法）が改正され、自治体は動物取扱業者からの犬猫の殺処分依頼を拒否できるようになりました。ペットショップで売れ残った動物を、処分のために保健所に持ち込むことは法律上、できなくなったのです。

しかし悪質な業者のなかには、個人名で保健所に殺処分を依頼するケースもあり、あの手この手で法律の網目をかいくぐって動物の処分が行われているのが現状です。またそうした状況のなか、売れ残った動物たちを有料で引き取る〝引き取り屋〟と呼ばれる新たな民間業者も出現しました。

彼らは事業ゴミとして捨てられない産業廃棄物を引き取る〝産廃業者〟のようなもの。行政から持ち込みを断られるペットショップにしてみれば、そうした引き取り屋の存在は非常にありがたいわけです。

しかし引き取り屋の手に渡ったにしても、動物を待ち受けているのが過酷な現実であることに変わりはありません。産業廃棄物の不法投棄と同じように生きたまま山中に捨てられることもあれば、狭くて劣悪なケージに放り込んで飼い殺しにされることもあります。

実際に近年、犬や猫などの動物が大量に不法投棄される事件が急増しています。捜査中で犯人が捕まっていない事件も多いのですが、多くのケースで「業者が繁殖に使えなくなった動物を処分するために捨てた」という疑いが指摘されています。

売れ残った生体がメスの場合は繁殖業者に引き取ってもらうという選択肢もありますが、それも決して幸せな行き先ではありません。繁殖業者というのがまた厄介な存在で、そこにも想像を絶する過酷な現実が存在しているのです。繁殖業者の現状については後述します。

いずれにせよ、ペットショップのショーケースの裏側では、「売れなかったら廃棄する。売れ残ったら処分する」という発想で動物の命が扱われ、在庫処分という名の下に多くの命が奪われている現実が厳然と存在しているのです。

先月までペットショップでかわいらしい姿を見せていた子犬や子猫が、ある日ショーケースのなかからいなくなっていたら、その子たちはどこに行ったのかを想像してみてください。

深い愛情を注いでくれるやさしい飼い主に出会えたのか、それとも――。

元ペットショップ店員の告白――〝そこ〟では何が起きているのか

以前、ある活動家を通じて、かつてペットショップで働いていたという方からの1通の手紙を拝見しました。そこには、一般の人たちが知り得ない、生体展示販売の裏の様子が綴られていたのです。

その方にご承諾いただき、手紙の内容を公開します。またその方は本書のために取材も受けてくださいました。

〝そこ〟では何が起きているのか。42ページのコラムと併せてお読みください。

（前略）ペットフードのデリバリー販売を始め、何店舗か出した頃、フードの問屋さんからある地方都市でペットの生体販売をやらないかという話がありました。動物、生物は大好きでしたし、お客様の喜んだ顔がもっと見られるという思いからその話をうけることといたしました。

大手のホームセンター内のペットショップなので、扱う動物は様々で犬・猫・うさぎ・チンチラから熱帯魚まで、数百～千に近い数でした。

最初に驚いたのは、飼育中に亡くなることの多いこと。金魚は一日に何十～百、その他の動物も一日に数匹亡くなりました。そしてその亡くなった子を、ホームセンターのゴミ収集に当たり前のように捨てること。それがとても嫌で茨城の責任者にすべての生物を埋葬することを指示しました。

亡くなる子の半分以上はストレス、残りは病気によるものでした。

次に驚いたのは、犬猫のセリ市場（ペットオークション：著者注）です。ブリーダーは生まれた子の20％を通信販売、5％を繁殖用として残し、5％を治る見込みのない欠陥として処分。残りの70%をセリ市場にというのが一般的です。

セリ市場では、進行係が一匹一匹紹介します。

「次はシーズーです。埼玉県産、メス、右足後ろ難有り、ペコ（頭蓋骨未発達による陥没）1cm有り、1万円からお願いします。」

そのシーズーが欲しい店は購入希望価格を書いたボードを上げ、一番高い価格を書いた店がセリ落とします。

生きている動物を、まるで野菜のように扱っている感はぬぐえません。心臓病、皮膚病など、あとから発覚する障害も少なくありません。

店に連れて行き、セリ落とした金額の8〜20倍の値段をつけます。生後6ヶ月を過ぎると仕入れ値またはそれ以下。10ヶ月を過ぎるとタダ同然。ペットショップ側は仕入れから1ヶ月が勝負なので何とか売ろうとあの手この手を使います。

「飼いやすいですよ、手間がかかりません」

散歩に行かなくていい犬なんていませんし、手間がかからない子なんていません。

そして販売、また仕入れ、それのくり返し――。

ある時、問屋さんから「チワワを買ってくれないか」という話がありました。生まれつきペコが大きくぽや～んとしたチワワの男の子でした。

とても可愛いので１週間で売れたのですが、低血糖になり店に返却されました。低血糖は環境の変化などで血糖値が下がり体が冷え、最悪の場合50％の確率で死に至る病気です。

店の責任者の「低血糖だし安楽死させますか？」という言葉に耳を疑い、「俺が家に連れて行く」と言い、毎日ハチミツとスタミナチューブをあげ、はげまして育てました。その子も生きよう生きようとしてくれ低血糖は奇跡的に治りました。

チイと名付け私のかけがえのない子になってくれました。

しばらくして茨城の店を辞めることにし、辞める時連れて帰れる子は連れて帰って来ましたが、病気などで亡くなる子も多かったので、とても辛い思いをしました。

もう二度と生体販売はしないと心に誓いました。チイは生涯病気と闘い、12年という短い間でしたが私にたくさんの事を教えてくれました。今でも少し落ち込むと「しっかり!!」という声が聞こえてくるようです。

全ての動物が幸せな一生を送れるように、少しでもその力になれるように今後も活動（犬猫の保護・まめちびくらぶ）を続けていこうと思っています。少しでも心が負けそうになったら、チイの絵を見てチイにはげまされようと思います。

（著者注を除いて、原文ママ）

Column

●ここで紹介した手紙を送ってくださったのは森猛さん。ここでは森さんに改めてお話をお聞きしました。手紙と併せてお読みください。内容が重複している箇所もありますが、そのお話からは「動物＝商品」という人間の都合による発想が動物をどれだけ悲惨な状況に追い込んでいるか、生体展示販売というビジネスモデルの裏側に潜む実態が垣間見えてきます。

ペットショップは楽しいワンダーランドなどではない

森猛（まめちびくらぶ代表）

●動物と触れ合える仕事という期待の先にあったもの

昔から犬や猫などの動物が好きで、いつかは動物に関わる仕事をしたいと思っていました。そこで、20年くらい前にそれまで勤めていた会社を辞め、独立してペットフードや猫の砂などのグッズをデリバリー販売するという仕事を始めたのです。

その後ペットショップ、つまり犬や猫の生体展示販売の仕事に携わるようになったのは15～16年くらい前。当時お付き合いのあったフードの問屋さんから勧められたのがきっかけです。その問屋さんはフードのほかに生体も扱っていて、「ある地方都市の大手ホームセンター内のペットショップで生体展示販売をやらないか」という話を持ちかけられたのです。

そこで私の会社でそのペットショップ経営を請け負い、店長もウチから茨城の店舗に派遣するという形で生体展示販売を始めました。

もともと動物が大好きでしたから、最初は期待に胸が膨らむ思いでした。犬や猫たちと直接触れ合う機会が増えることがうれしく、お客さまにも今以上に満足していただけることによろこびを感じ、この仕事をすごく楽しみにしていたんです。

ただひとつ気になっていたのは、フード販売のお客さまでもあった動物愛護団体の方たちから「生体を販売するならあなたの店からは買わない」と言われたこと。まだ生体展示販売の本当の実態を知る由もなかった私は、そのとき「どうしてなんだ？」とただ疑問に思うばかりだったのですが。

そして私が最初に「おかしいな」と感じたのは動物たちの販売の仕方です。

例えばチワワの場合、全体の80％近くはペコ（頭蓋骨の未発達による頭部陥没）があるんですね。そしてこのペコは将来的に発育不良や水頭症などの疾患につながることも非常に多いんです。

でも仕入れ先の問屋さんも平気な顔で「ペコは成長すれば目立たなくなるから大丈夫」「病気が出る可能性もあるけれどほとんど問題ない」などと言うわけです。でも調べたらペコを持つチワワの70％は何らかの病気になると言われているのがわかりました。大丈夫でも、問題なくもないんですね。

チワワのペコのほかにも、ダックスやコーギーは椎間板ヘルニアになりやすいとか、プードルやマルチーズは貧血になりやすいとか、犬種によってもいろいろな病気のリスクがあります。

でも売るときにそのリスクを言わないんですね、お客さまに。「病気になるかどうかなんてわからないよ」というスタンスで、説明もせずにとにかく売ってしまう。

でもそれは違うだろうと。話すべきことは正直に話すべきだと。なので私の店ではお客さまにそうしたリスクもすべてお話しするようにしたのです。「確かに生き物ですから病気になることもあるし、命あるものですから亡くなることもあります。そういうリスクを全部背負うというのが生き物を飼うということなんですよ」と、必ずお伝えするようにしました。

●死んだらゴミ同然——動物たちの命の尊厳はどこへ

また驚いたのが亡くなった子たちの扱い方です。

そのペットショップでは、犬や猫、うさぎから熱帯魚までさまざまな動物を扱っていたのですが、店舗で飼育中に多くの動物たちが亡くなるんです。とくに金魚は数が多くて、1日に何十匹と亡くなっていました。そのときに言われたのは

「金魚は１００匹仕入れたら20匹は死ぬもの。ロスが出るのは当たり前と思って仕入れろ」ということ。死ぬことを織り込み済みで仕入れるという実態にまず驚かされました。

そして店の従業員が亡くなった動物を袋に入れてホームセンターのゴミ収集に当たり前のように捨てている光景を目の当たりにしたときのショックは、今も覚えています。

亡くなった子たちをゴミとして捨てるとは何事かと。すぐに店長を呼んで事情を聴くと、ホームセンターと仕入れ先である問屋さんにそういう指導を受けたと。ゴミとして捨てろと教えられたのだというのです。

とんでもないということで、近くの懇意にしていた獣医さんに動物霊園を教えていただき、今後はすべての動物をそこに埋葬するように指示しました。

かわいそうに、モノじゃあるまいし。亡くなったからといっても、その子たちの命の尊厳は守ってあげたいじゃないですか。

そんなことがあってから、「ほかのショップはどうしてるんだろう」と気になって調べたんです。そこで衝撃的な事実を耳にしました。ある大手ペットショップでは店舗で動物が亡くなると、〝遺体を冷凍して袋に入れて（ハンマーで）粉々に砕いて捨てる〟のだとか。それを従業員にやらせているのだそうです。これには言葉を失いました。動物の命を何だと思っているのか。

ショッキングでしたね。ほんの十数年前にはかわいらしくディスプレイされたペットショップの裏側で、こんなことが平然と行われていたのです。

今は病気になった動物たちを引き取る引き取り屋と呼ばれる業者がいて、多くのペットショップから病気になるなど〝商品価値のなくなった〟動物たちを引き取っていくんです。ただ、そこには悪質な業者も多く、動物たちは治療はおろか薬すら与えられず、まさに「殺さない、でも生かさない」というひどい扱いを受けているんです。

ペットショップだけでなく、繁殖業者（ブリーダー）のなかにも悪質なところがあるんです。生まれてきた子に病気があったりルックスがよくなかったりで〝売れない〟と判断すると、その子だけエサをあげない、水もあげないで放置するんです。もちろん衰弱しますすよね。そして自力で歩けなくなったら、その子を生きたままゴミ箱に捨てるんですよ。

ペットショップの裏側では、こうした残酷な行為が何の罪悪感もなく行われている。そんな驚くべき実態を知るにつけ、ペット業界の異常さに直面するにつけ、そこに「命を扱っている」という自覚があるのだろうか、大切なことがマヒしてしまっているのではないかという疑念が深まり、ペットショップの仕事がどんどん嫌になっていきました。

ペットショップの裏側を知れば、そこは決してかわいく楽しいワンダーランドなどではないことがわかるはず。だからこそ、多くの人にその現実を知ってほしいと思います。

●実態を知っている自分ができること

動物を売れば儲かる、ビジネスになるという点に目を付けた人たちによって、それだけのためにつくり上げられたのが生体展示販売というシステムです。

そこには動物は商品という発想がまかり通っている。もう二度と生体展示販売はやめよう、ペットフードやグッズ、ホテルなど、動物がよりよく生きるための仕事をしよう。そう考えて今の仕事を始めました。

一時は「もう動物に関わる仕事はやめよう」と思ったこともあったんです。この業界で働いていたことで、「自分も動物を虐待していた側の人間なのではないか」と、自分自身を責めたこともあります。

でも実際にペット業界で働き、その裏側に隠された実態を身をもって知っているからこそ、犠牲になっている動物たちの痛みがわかるのではないか。微力でも誰かが何かをやらないと何も変わらない。じゃあ、やってやろうと、思い直しました。

現在、私がやろうとしているのは、里親になりたい、大事なパートナーと出会いたいと心から願っている人たちに向けた、里親と飼い主をマッチングする仕事です。「かわいいから欲しい」ではなく、「里親として動物を迎え入れる」という選択をサポートできればと考えています。

動物が好きで、動物から多くの大切なことを教えられました。そんな動物たちのために、ペット業界の現状を少しでも変えていくために、自分ができることをやっていきたい。今、強くそう思っています。（談）

動物たちはどこから来るのか――〝産む道具〟として使い捨てにされる繁殖犬の悲劇

視点を変えてみましょう。では、ペットショップで販売されている動物たちはどこから、どんなルートを経て連れて来られるのでしょうか。

動物たちの出自を知ることは、動物たちの親がどこでどうしているかを知ることに他なりません。

ブリーダーという言葉を耳にしたことがある人も多いでしょう。ブリーダーとは、動物の交配や繁殖、育成をする人のこと。動物を愛し、その種に心底ほれ込み、深く幅広い知識を持って動物のことを第一に考え、時間をかけてよい環境を整備して大切に育てる。最適な交配相手を選び、出産やその後の子育てをサポートする。

本来、ブリーダーとは、元気で健康な動物の命の誕生を見守り、その種の維持を担うという、非常に重要な仕事です。

しかし現実には、愛情あふれる真の優良ブリーダーばかりではありません。ブリーダーとは名ばかりの、お金儲けのためだけに動物を繁殖させる「パピーミル（英語で〝子犬工場〟の意味）」と呼ばれる悪質な繁殖業者が幅を利かせています。

ペットショップのショーケースにいる動物の多くは、こうした悪質な業者によって、工場のラインに載せられるように〝大量生産〟されているのが実情です。

繁殖犬に代表されるペットショップで売られている動物たちの親は、劣悪な衛生環境の下、十分な健康管理もなされずに、ただ子どもを〝産まされ〟続けます。

糞や尿が放置されたままの薄暗いケージに閉じ込められ、外に出て動き回ることも許されない。通常のサイクルを無視して、機械のように繁殖を強いられる。ただ交配されて産まされるだけの、まさに〝生き地獄〟のような日々を送るのです。

そんな〝産む機械〟のような扱いを受け続けた母体がどうなるかは、火を見るよりも明らかです。無理な出産を続けることで、歯はボロボロになり、顎の骨は溶け、足や背骨が曲がり、膿で目が潰れてしまう。生殖器が傷ついて、排尿もまともにできない――こうした悲惨な状態になるまで衰弱しても、ほとんどの場合は治療すらしてもらえません。

そして病気になったり衰弱したりして子どもが産めなくなったら、用済みとばかりに処分されます。処分するとは、放棄するということ。それは、イコール殺してしまうことを意味します。

ペットショップで売れ残った犬や猫が、再び悪質な繁殖業者に引き取られて繁殖用の母体となり、今度は死ぬまで子どもを産まされるということも少なくありません。

これを悲惨な負のスパイラルと言わずして何と言うのでしょうか。

さらに驚くのは、生まれた子が身体に障がいを持っていたり、病気で見た目に問題があったりすると「商品にならない」というだけの理由で〝不良品〟扱いされ、生まれてすぐに処分されることが当たり前のように行われているという実態です。

これでは曲がったり短かったりして半端モノ扱いされるキュウリのようなもの。いや、キュウリなら半端モノでも料理に使われますが、動物は病気の治療もされぬまま捨てられる（＝殺される）しかないのです。

また、なかには明らかに病気を持って生まれてきた子どもでも、それを隠してそのまま市場に流通させる繁殖業者もいるといいます。

金儲けのために限界を超えて強制的に子どもを産まされ続け、産めなくなったらサヨウナラ。

金儲けのために見た目のよさだけが重視され、障がいがあったり外見に難があったりしたらサヨウナラ。

この国のペット産業は、こうした動物たちの尊い命の〝使い捨て〟という悲惨な現実によって成り立っていることを、ぜひ知っていただきたいと思います。

キャパオーバーで面倒を見切れない——ブリーダー崩壊の悲惨

近年、無計画な繁殖や過度な多頭飼育のためにパンク状態になって、経営が立ち行かなくなる「ブリーダー崩壊」という事態に陥ってしまう悪質な繁殖業者が少なくありません。

健康に健全に繁殖させ育成する本来のブリーディングは、手間も時間も費用も相応に必要になります。十分に目が行き届くケアをするためには、飼育できる個体数にも限界があるため、多種・大量の動物を扱うことは難しいのが当然です。

しかし、大量生産・大量販売が利益につながるため、悪質な繁殖業者のなかには少人数で何十頭もの動物を抱えているケースが多く見られます。

そうした業者では人手がない上に、「子どもを産んでくれさえすればいい」と適当に世話をするだけ。飼育とは名ばかりで、本来必要とされるケアはほとんどなされないのが実情です。

十分なケアに手が回らないのを承知の上で、いや、むしろ最初からケアなどする気もなく、ただ大量生産して利益を上げるためだけに、キャパシティを超えて何十頭もの動物を抱え込み、結果、面倒を見切れなくなってしまうのです。

かつて三重県で、糞尿にまみれて衰弱しきった50頭以上の犬が動物愛護ボランティアによって保護されたというブリーダー崩壊事件がありました。その繁殖業者はなんと1人で100頭近い数の犬を飼育していたそうです。

キャパオーバーで経営を投げ出した業者は飼育を放棄する。残された動物たちは食事も与えられず、糞尿もそのままで放置される。またはペットショップと同様に民間の「引き取り屋」に引き取られて処分される。

近隣からの通報などで駆け付けた保健所や警察、動物愛護ボランティアらによって命からがら救い出されることもありますが、それはほんの一部の幸運なケースです。〝処分〟された動物たちのほとんどは、そのまま餓死するか病死してしまうのです。

売れると思って育ててみたけど、たくさん飼いすぎた。

面倒見切れないから、やっぱりやめよう。

動物たちは邪魔だから放っておけばいいや——こんな心ない人間の自分勝手に振り回されて命を落としてしまう動物たちは、本当にたまったものではありません。

利益優先という人間の欲とエゴが引き起こすブリーダー崩壊。しかし最終的にいちばん大きな辛苦を強いられるのは、ものを言えぬ動物たちなのです。

オークションで命を値付けされ、落札される動物たち

ショップで売られているペットは、セリによって仕入れられる。この事実を知っている人は少ないのではないでしょうか。

繁殖業者で〝大量生産〟された動物たちは「ペットオークション」といわれるセリ市に出品され、そこでペットショップのバイヤーたちの入札にかけられます。

ペットショップが繁殖業者から直接仕入れるケースもありますが、現在は日本全国に約20カ所あるペットオークション業者を経由して流通させるのがペット生体展示販売業界の主流になっています。

なぜペットをオークションにかけるような方法を取るのか、このシステムが流通の主流になっていることに疑問を感じる方もいらっしゃるかと思いますが、実は法律で認められているのです。

動物の愛護及び管理に関する法律（動物愛護法）には、ペットオークションを行う

業者について、

「競りあっせん業者（登録を受けて動物の売買をしようとする者のあっせんを会場を設けて競りの方法により行うことを業として営む者をいう。以下同じ。）――」

とあり、登録制による第一種動物取扱業者として認めています。生体を販売する業者（ペットショップ）が動物をオークションによって仕入れることは法規制の対象になるどころか、法律によって「ＯＫ」をもらっているのです。

ペットオークションが仕入れ流通の主流になった背景には、大企業や流通大手の参入などによる生体展示販売の巨大化が生んだ「大量仕入れ、大量流通」というシステムがあります。

例えば全国に数十店舗を展開しているような大規模チェーンなどは、年間で何万頭という子犬や子猫の仕入れが必要になります。個人のブリーダーから一頭一頭仕入れていたのではとても追いつきません。

そこで一気に大量に仕入れられるオークションが不可欠になったということです。

繁殖業者による大量生産の受け皿になり、ペットショップの生体展示販売による大量消費を可能にしているのがペットオークションという流通システムなのです。

ところが、このシステムもさまざまな問題を抱えています。

ひとつはこれまでに述べてきたような悪質な繁殖業者（パピーミル）を排除できないということです。

週に1、2回開催されるオークションには平均で数百、規模が大きいと1000を超えるブリーダーや繁殖業者、バイヤーが参加すると言われます。

第一種動物取扱業の登録をして入会金と年会費を支払えば誰でも参加できるため優良なブリーダーばかりでなく、大量の在庫（動物）をさばくためだけに参加している悪質な繁殖業者も野放しになってしまうのです。

また動物たちの健康上の問題もあります。

店頭で人気があるペットの旬は「生後45日まで」と言われているため、オークションに出品されるのは、さらに日の浅い、生まれて1カ月ほどの幼齢な子犬や子猫たちばかり。

当然ながらまだ免疫力も低く、そのうえにオークションという異質な環境下に連れて来られる精神的なストレスがかなり大きいだろうことは想像に難くありません。実際に感染症などの病気にかかってしまうことも多く、それを知らされないままバイヤーに競り落とされ、病気にかかったままショップで販売され、買わされるケースも少なくありません。

さらに生後すぐにオークションに出品されるため、子犬や子猫は親と接する時間がほとんど持てないのが現実です。

子犬や子猫にとって生まれてから数週間の親や兄弟との触れ合いは、性格付けや精神の安定といった「社会化」のためにもっとも重要な時期。

それなのにオークションに出品するために、その大事な時期に親から引き離されてしまうのです。人間の子どもに置き換えて考えてみれば、それがどれだけ残酷なことか、すぐにわかることです。

生まれたわが子と触れ合う間もなく取り上げられる親、引き離される子。それが動物たちの精神面にどれだけ深い心の傷を残すかは自明のことでしょう。

そもそも生きた動物をオークションでセリにかけるという発想自体に強い憤りを覚えます。淡々とした流れ作業のなかで、人間の都合だけで動物の命が〝落札〟されていく。動物の命が「高く売れるか、売れないか」という基準だけで値付けされていきます。

ブリーダーや繁殖業者は〝商品〟を大量に卸すことができる。ペットショップは人気のある種を一括して大量仕入れできる。

そのメリットだけのために、悪質な繁殖業者の温床になっていること、動物たちにとって心身ともに過酷すぎる環境下で行われていることは見過ごされてしまう。

日本のペット産業は、動物たちの命を軽視し、虐待し、モノとしてしか扱わない、利益最優先のペットオークションというシステムによって成り立っているのです。

Column

●生きた動物をセリにかけ、動物の命を落札していく――日本のペット市場における生体展示販売というビジネスモデルの中核を担っているペットオークション、これまではメディアの取材などを受け付けず、非公開で行われてきました。
そこで長年、殺処分問題などに取り組まれ、ペットオークション会場に潜入した経験もある作家・渡辺眞子さんに〝現場〟の様子についてお伺いしました。

動物が〝落札〟される市場。そこに命を扱っているという意識はあるか

渡辺眞子（作家）

東京近郊で定期的に開かれているペット市場（ペットオークション）の会場を訪れたのは数年前のことです。

ある方の口利きだったのですが、当時、ペットオークション会場はその実態をオープンにせずマスコミの取材も受けていませんでした（今は変わってきているかもしれません）。そのため取材ではなく「ペットショップを開く予定がある」という設定で入れてもらいました。

基本的に参加できるのはそのオークション業者の会員のみ。会員になるためには店の規模や所在地の提示が必要なのですが、開店予定の人も「いつどこで、どの程度の規模で、どんな形態の店なのか」を明示すれば見学を許されるというので架空の設定を用意していきました。厳戒というか、オープンにしないことに関しては徹底しているという印象を持ちました。

●モノ同然にベルトコンベヤーに載せられて

会場は、市街地から少し離れた貸倉庫のような場所。なかに入ると〝仕入れ〟に来た業者の席がひな壇のように並び、その中央に手動のベルトコンベヤーのようなものが設置されていました。

まず午前中に動物のエサやアクセサリーなどペット関連グッズが扱われ、次に鳥のヒナやウサギなど単価の安い小動物、そのあとにサルとか鳥類といった犬猫以外のペット、そして休憩をはさんで午後から犬と猫のオークションが始まります。段ボール箱に入れられた子犬や子猫がコンベヤーに載って買い手の前に流れてきます。そこで白衣を着た担当者が会場全体に見えるように箱から1頭ずつつかみ上げて犬種と雌雄、血統書の有無や身体的な特徴（股関節が外れやすいなど）を読み上げ、初値を決めると値付けが始まります。

設置された大きなスクリーンに設定された初値が映し出され、そこから価格は自動的に少しずつ上がるのですが、手元のリモコンボタンを最後まで押し続けた人が落札するというシステムでした。

そのコンベヤーは会場の外の駐車場に直結しており、買い手が決まるとそのまま車で運ばれていく、という一連の流れになっていました。

●晒され、値付けされ、落札され――命が右から左へ流されていく

この動物たちは、このオークションに合わせてどれほど遠くから、どのくらいの時間をかけて連れて来られるのか、とても気になりました。

おそらくその日の朝に親や兄弟から引き離され、小さな箱に閉じ込められて、空路や陸路を何時間も運ばれてきたのです。初めての場所で箱から出されると、大勢の知らない人の前で、品物のように晒《さら》されて値踏みされて。

そしてまた箱に戻され、車に乗せられて、観察期間後ペットショップのショーケースに並びます。この流通過程で命を落とす個体の数は決して少なくありませんし、その数字は公の殺処分数にも含まれません。

当時は動物愛護法の改正前だったので8週齢以下の子たちも堂々と売買していました。ワクチンにしてもきちんと効果が得られるタイミングを見計らって打っているのか疑問です。

すごく小さな子犬がいたので、市場の主催者に「移送中に体調を崩したりしませんか？」と質問しました。すると「大丈夫、大丈夫。ブリーダーは慣れてますから、グッタリしたときは砂糖水を舐めさせたりして、うまく対処してますよ」との答えでした。

また、単価の低い鳥のヒナなどは雑に扱われます。ひとつの箱に何十羽も詰められて、別の箱に移すときもザザーッとまるでジャガイモでも扱うかのように流し入れる。そのとき箱から1羽2羽こぼれても、特に気にする様子はありません。「一匹ずつが命ある生き物なのに――」と胸が詰まる思いを抑えられませんでした。

でも、会場で売り買いをしている人たちにとってはただの日常に過ぎません。缶コーヒーを飲みながら、タバコを吸いながら、携帯電話をいじりながら、日々の業務として動物たちを売買しているのです。彼らに命を扱っているという意識は薄いのではないか。何かがマヒしているのではないか。ものすごい温度差を感じました。

●多くの人に実態と動物の痛みを知ってほしい

こうした現状が人目に触れる機会はほとんどないため、多くの人はあまりイメージできないかもしれません。ペットショップにいる子犬や子猫を見れば「かわいい」と思うでしょう。私もペット業界の取材を始める前までは「かわいい」と思っていました。でもこのような現実を知って以来、かわいそうでたまりません。そして、かつて何も知らずにショーウィンドウをのぞいて喜んでいた自分を思うと、いたたまれない気持ちにもなります。

買う人、欲しがる人がいる限り、ペットショップやペットオークションは存在し続けます。ということは、「ペットショップから買わない」という行動が、動物たちをこうした過酷な現状から救うひとつの大きな手立てになるのです。

海外では生体展示販売はやめようという動きもあります。どうしても純血種がほしいのであれば誠実なブリーダーを探しますが、多くの人はペットを飼おうと思ったら、まず保護施設から引き取って殺処分から救うことを選択します。これからペットを飼おうと考えている方には、どうやって動物と出会うか、その出会い方をよくよく考えていただきたいです。生体展示販売以外にも動物を迎える手段はたくさんあるのですから。

子犬や子猫がショーケースのなかにいるという現実がどれだけ不自然なことか、その裏側で動物たちがどれだけ過酷な日々を強いられているかを、ぜひ想像してみてください。

ペット業界の実態を、動物たちの痛みを、できるだけ多くの人に知ってほしいと思います。問題の本質を知ることが、動物を救うための第一歩なのです。（談）

渡辺眞子　作家。人と動物の福祉や共生をテーマに執筆、講演などを行う。著書に『捨て犬を拾う街』（角川文庫）、『そこに愛がありますように』（WAVE出版）、『犬と、いのち』（朝日新聞出版）など多数。

生体展示販売による命の取引をなくせ――日本の民度とモラルが問われている

需要と供給がペットショップに集中し、ショーケース越しでいとも簡単に動物の売買が成立する――日本では公然と行われている生体展示販売ですが、海外ではこうしたビジネスモデルはあまり見られません。

動物愛護先進国と呼ばれるイギリスやドイツ、オランダなどではペットの生体展示販売はほとんど行われていません。

ドイツの場合、20年ほど前までは日本のように生体展示販売が普通に行われていましたが、現在ではゼロにはなっていないものの、その数は激減しています。

ドイツで生体展示販売の激減という流れを生み出したのは、ほかでもない、人々の動物の命に対する高い意識とモラルでした。

ドイツ国内で「生体展示販売は動物たちに与える悪影響が大きい」「何とかすべきだ」という声が高まり、それを受けた国はペットショップへの規制を強めました。

例えば長時間の展示を禁止する、生後8週目までは展示してはいけない、余裕のある展示スペースを確保するなど、非常に厳しいルールが設けられたのです。

こうしたルールを順守していくと相応の手間やコストがかかるため、ペットショップにとってはビジネスの〝うまみ〟がなくなってしまいます。つまり効率の悪い商売になってしまう。その結果、生体展示販売というビジネスモデルから手を退く業者が続出したのです。

動物の命を商品のように扱ってはいけないという国民のモラルが規制強化につながり、生体展示販売を減らす大きな力になったことは間違いありません。

日本のように、いまだに動物の売買がひとつのマーケットとして成立しているというのは、世界でも稀有なケースと言えるでしょう。

日本では動物を店で売っているの!?——動物愛護活動をしていると、こうした外国人の声を耳にすることがよくあります。そこからは「信じられない」という驚きに加えて、「いまだにそんなことをしているなんて——」という日本人の意識の低さ、モラルの低さに対する軽侮の感情も伝わってくるのです。

今、日本ではインバウンド市場が加速、過熱しているなどといわれています。しかし、「日本に行ったらこんなふうに犬を売買してたぞ。大丈夫か、この国は」といった実態が世界に伝われば、現在の活況など一気に様変わりしてしまうでしょう。

国や自治体は、そうした問題意識をどれだけ持っているのでしょうか。

2020年に東京オリンピック・パラリンピックが開催されたとき、これまでのように大々的に堂々と生体展示販売が行われているようでは、インバウンド市場による経済活性化など望むべくもありません。それどころか国際社会から「日本はモラルが低い国」と糾弾されてしまうはず。

動物の命も人間の命も、どちらも同じかけがえのない尊いもの。だからこそ、ペットショップのショーケースに買い物客が群がるような光景は、一刻も早く消し去ってしまうべきです。生体展示販売を日本からなくしてしまうべきなのです。

命の犠牲の上に成立する〝ペット大国〟と呼ばれ続けるか、命を守る動物愛護先進国として生まれ変わるか。日本は今、世界からそのモラルと民度を問われています。

「売買の場」から「出会いの場」へ――生体展示販売をやめたペットショップの挑戦

そんななか、生体展示販売というスタイルをやめて動物の譲渡活動へと事業転換したペットショップがあります。そのお店とは岡山県岡山市にあるペットショップ「ｃｈｏｕ ｃｈｏｕ～シュシュ～」さん。

「ｃｈｏｕ ｃｈｏｕ」は２０１５年１月に生体展示販売をやめ、店内を改装して同年４月より保護犬の譲渡活動を行っています。

ペットグッズ販売のみの店舗をオープンしたのが約10年前。半年後に生体の扱いを始め、その後約９年間店頭で生体展示販売を行ってきたといいます。仕入れも含め販売は3軒のテナントに委託、犬の管理はテナントの店員が行っていたそうです。

「ｃｈｏｕ ｃｈｏｕ」の考え方を大きく変えたのは、岡山県内の動物愛護団体「ＮＰＯ法人 犬猫愛護会わんぱーく」の方たちとの出会い。団体の活動内容や保健所・愛護センターの現状、殺処分問題について考える機会が増え、保護犬や保護猫の問題としっかり向き合わなければならないと思うようになったそうです。

以前から、テナントで販売される子犬に低血糖などの問題が現れることが多く、生体展示販売というスタイルに少なからず疑問を感じていた「ｃｈｏｕ ｃｈｏｕ」ですが、ビジネスとして、経営者として、利益を生む生体展示販売をやめるという決断は簡単ではなかったといいます。

生体展示販売をやめるか？

やめた場合、失うであろう利益をどうやってカバーするか？

利益を維持するために生体展示販売と併設して里親コーナーを設けるか？

考えに考えた末、「ｃｈｏｕ ｃｈｏｕ」は、経営的なリスクが大きくても生体展示

岡山のペットショップ「シュシュ」の澤木店長にお話を聞く

「NPO法人　犬猫愛護会わんぱーく」のボランティアさんたちと

販売をやめるという大きな決断をしました。
そして新たに、「新しい飼い主を求めている保護された犬や猫」と「犬や猫を新しい家族として迎えたい飼い主」の両者を結び付ける仕事、つまり里親への譲渡活動を始めたのです。

もともとがペットショップゆえに譲渡基準も甘いと思われがちですが、「ｃｈｏｕｃｈｏｕ」の譲渡基準は、愛護団体「わんぱーく」さんに準じたもの。「犬をタダでもらえるのだろう」といった安易な考えでやってくる人には、保護犬の譲渡の本来の意味を説明してお断りするといいます。

一度救われた命を再び危険な目に遭わせないように、つらい経験をした犬たちに二度と同じ思いをさせない。そのためには、何度も店舗に足を運んでいただき、真剣に家族として迎える覚悟のある人にしか譲らない。それが当然の判断なのだと「ｃｈｏｕｃｈｏｕ」は考えています。

生体展示販売をやめたことで減少した売り上げは、新しく始めたペットグッズのネット通販でカバーしようと努力されています。

「ｃｈｏｕ ｃｈｏｕ」が民間の店舗として譲渡活動を始めたことには、非常に大きな意義があります。

●生体展示販売をやめ、里親探しにシフトするというビジネスモデルが成立することで、同じような志を持っている優良なペットショップにとって、あとに続くための道筋ができたこと。

●動物愛護団体の譲渡会は日曜に集中しがち。しかし平日もオープンしている民間店舗で保護犬譲渡活動が行われることで、より多くの飼い主さんが出会いの機会を得られるようになること。

●譲渡後もショップを利用し、情報交換し、保護犬のその後の幸せな姿を発信することで、保護動物の存在をより広く知らしめることができること

――など。これらは民間のショップだからこそ実現できる取り組みなのです。

今こそペット業界全体が旧態依然のビジネスモデルからシフトチェンジするときなのかもしれません。

生体展示販売をやめ、「売り買いの場」ではなく「出会いの場」として、新たなチャレンジを始めた「ｃｈｏｕ　ｃｈｏｕ」。その姿勢にこそ、動物たちを愛し、守り、共に生きるための本質があります。

「ｃｈｏｕ　ｃｈｏｕ」の取り組みには、全国から応援の声が続々と寄せられています。こうした活動とビジネスモデルが成功することで、あとに続くショップも現れてくるはず。こうしたムーブメントが、日本のペット社会の明暗を分ける大きな転機になると私は考えています。

2．法規制のゆるさが悪質業者を野放しにする

動物取扱業の登録制が悪質業者横行の温床に

動物を〝商品〟としてしか見ず、売れ残りを平気で処分する小売業者。
動物を〝産む道具〟としてしか扱わず、死ぬまで子どもを産ませる繁殖業者。
こうした無責任極まりない悪質業者があとを絶たない大きな原因のひとつに、日本の法規制のゆるさがあると私は考えます。

そもそも繁殖業やペットショップをいとも簡単に開業できてしまうという現状に大きな問題があるのです。

現行の動物愛護管理法では、営利目的で動物の取り扱いを行う業者を「第一種動物取扱業者」としています。

問題は、第一種動物取扱業者が国家資格ではなく登録制だということ。つまり登録すれば誰でもブリーダー、繁殖業者として開業できてしまうのです（法人だけでなく個人で動物を売買する場合でも、動物取扱業者としての登録が必要）。

日本の動物愛護法のなかで動物取扱業（現在の第一種動物取扱業）は、２０００年に届出制、その後２００６年に登録制へと変わって現在に至っています。

登録申請時には一応の審査がありますが、さして厳しいものではありません。誰でもなれる、誰でも開業できるという資格条件の甘さや間口の広さが、悪質な業者が絶えない大きな原因のひとつになっているのは間違いありません。

第一種動物取扱業者は免許制、せめて許可制というのが本来あるべき形でしょう。誰でもＯＫだから、よからぬことを考える人たちが横行する隙間、付け入るスキができてしまうのです。

欧米の動物愛護先進国では、母体への負担を考慮して、ブリーダーによる動物の繁殖に厳しい法規制を設けています。

例えばイギリスでは「犬繁殖法」「改正犬繁殖法」によって、

・犬には生涯で６回までしか出産させてはいけない。
・生後12カ月に満たないメス犬を交配してはいけない。
・一度出産したら、12カ月は次の出産をしてはいけない。

といった明確な基準があります。

一方、日本の動物愛護法では、「職員数を踏まえ、必要に応じて繁殖を制限する」といった数値基準のない、自主規制に任せる規制にとどまっています。出産回数や出産間隔、１人あたりの飼育頭数の上限といった具体的な規制はありません。

そのため悪質な業者は数多くの個体を売るために、母体の健康など考えず、可能な限り子どもを産ませることができるのです。

滅多に取り消されない〝登録したもの勝ち〟

各自治体の動物愛護担当者は、登録業者の施設を巡回して、許可基準に従って業務を行っているかをチェックし、不適格な業者に対しては登録の取り消しができることになっています。

しかし実際には〝法律上はそうなっている〟という程度のもの。巡回やチェックが行われていても形だけで、どれだけ劣悪な環境でやっていようと、基準に反した業務が行われていようと、登録取り消しになることなどまずありません。現実には「ちゃんとやってくださいね～」と注意されるくらいで済んでしまうのです。

なかには担当者から業者に「いついつ巡回に行きます」と事前連絡があって、そのときだけ体裁を整えれば「ＯＫ」になるといったケースもあるといいます。

そんななか２０１５年４月、東京都昭島市で、劣悪な環境でペットの生体展示販売を続けた悪質なペットショップが、東京都から業務停止命令を受けました。東京都がペットショップに業務停止命令を出した初めてのケースということで、話題にもなりました。

小さい鳥カゴにたくさんの猫を入れて身動きできない状態で展示する、糞尿が放置されて店内外には悪臭が漂い、山ほどのハエが飛び交うなど、その劣悪さは見るに堪えないものでした。

さらに驚いたことに、そのペットショップでは約40年間にもわたってこうした劣悪な環境下で動物たちを展示販売していたのです。それにもかかわらず、当初、東京都の動物愛護担当はなかなか動きませんでした。

それでも近隣からの苦情やボランティア団体の抗議の声などが高まってきて、ようやく重い腰を上げ、34回に及ぶ立ち入り検査を行って実態を把握して業務停止命令を出すに至ったのです。

その内容は、業務停止命令は1カ月間、その期間内に業務が改善されない場合は犬猫の取り扱い登録を取り上げるというものでした。

結果として、業務改善がなされず、そのペットショップは犬猫の取り扱いはできなくなりました。しかしその実情は、取り上げられたのは犬猫の取り扱い登録だけ、犬猫以外の動物は取り扱っても何ら問題はないということ。つまり、生体の販売そのものは続けられる、動物取扱業者としての登録は取り消されないのです。

この決定を知って私は、すぐに東京都に抗議をしました。「最低でもすべての生体販売の登録を取り消すのが当然だろう」と。しかし、東京都の返答は「命令はあくまで業務を改善させることが目的であって、取り消しにすることではない」というもの。繁殖業者にしても同様です。前述したように、悪質な繁殖業者（パピーミル）は経営が破綻すると、動物たちを置き去りにして姿を消してしまいます。

産ませるだけ産ませて、産めなくなって、経営が行き詰まったら動物たちを放置して逃げてしまう――本来ならこんな行為をした業者は、二度と動物取扱業に携われないようなルールがあってしかるべきでしょう。

しかしそんな彼らが動物取扱業者としての登録を取り上げられることはほとんどあ

りません。だから場所を替えたり屋号を変えたりして、再び繁殖業を始めることができてしまう。そしてまた同じことが繰り返される。そのたびに被害に遭う動物だけが増えていくのです。

動物虐待行為には動物取扱業の登録取り消しという厳正なる処分で臨む。そうした厳しい罰則の制定と徹底は、結果として放置動物や投棄動物の減少、そこから発生する殺処分の減少につながっていくはずです。そしてそれは行政的なコスト削減にも直結していくわけです。

〝登録したもの勝ち〟という現状のゆるすぎるシステムは、一刻も早く見直されるべきだと考えます。

監視もない、罰則もない、絵に描いた餅の「義務」

２０１３年に改正された動物愛護法は、動物取扱業者（第１種動物取扱業者）に対して以下のように「販売に際しての情報提供」を義務付けています。

第二十一条の四

第一種動物取扱業者のうち犬、猫その他の環境省令で定める動物の販売を業として営む者は、当該動物を販売する場合には、あらかじめ、当該動物を購入しようとする者（第一種動物取扱業者を除く。）に対し、当該販売に係る動物の現在の状態を直接見せるとともに、対面（対面によることが困難な場合として環境省令で定める場合には、対面に相当する方法として環境省令で定めるものを含む。）により書面又は電磁的記録（電子的方式、磁気的方式その他人の知覚によつては認識することができない方式で作られる記録であつて、電子計算機による情報処理の用に供されるものをいう。）を用いて当該動物の飼養又は保管の方法、生年月日、当該動物に係る繁殖を行つた者の氏名その他の適正な飼養又は保管のために必要な情報として環境省令で定めるものを提供しなければならない。

そして、

第八条の二の2

法第二十一条の四 の適正な飼養又は保管のために必要な情報として環境省令で定めるものは、次に掲げる事項とする。

一　品種等の名称
二　性成熟時の標準体重、標準体長その他の体の大きさに係る情報
三　平均寿命その他の飼養期間に係る情報
四　飼養又は保管に適した飼養施設の構造及び規模
五　適切な給餌及び給水の方法
六　適切な運動及び休養の方法
七　主な人と動物の共通感染症その他の当該動物がかかるおそれの高い疾病の種類及びその予防方法

八　不妊又は去勢の措置の方法及びその費用（哺乳類に属する動物に限る。）
九　前号に掲げるもののほかみだりな繁殖を制限するための措置（不妊又は去勢の措置を不可逆的な方法により実施している場合を除く。）
十　遺棄の禁止その他当該動物に係る関係法令の規定による規制の内容
十一　性別の判定結果
十二　生年月日（輸入等をされた動物であって、生年月日が明らかでない場合にあっては、推定される生年月日及び輸入年月日等）
十三　不妊又は去勢の措置の実施状況（哺乳類に属する動物に限る。）
十四　繁殖を行った者の氏名又は名称及び登録番号又は所在地（輸入された動物であって、繁殖を行った者が明らかでない場合にあっては当該動物を輸出した者の氏名又は名称及び所在地、譲渡された動物であって、繁殖を行った者が明らかでない場合にあっては当該動物を譲渡した者の氏名又は名称及び所在地）
十五　所有者の氏名（自己の所有しない動物を販売しようとする場合に限る。）

十六　当該動物の病歴、ワクチンの接種状況等
十七　当該動物の親及び同腹子に係る遺伝性疾患の発生状況（哺乳類に属する動物に限り、かつ、関係者からの聴取り等によっても知ることが困難であるものを除く。）
十八　前各号に掲げるもののほか、当該動物の適正な飼養又は保管に必要な事項

本来ならばペットショップが犬や猫を販売する際には、お客さんに対してこれらの18項目をしっかり説明する義務があるということです。

しかし、すべてのペットショップが店頭での説明義務を果たしているかというと、甚だ疑問です。簡単に早く売りたいがために、多くのショップがおざなりな説明、もしくは印刷した紙を渡して「読んでおいてください」というレベルで済ませているのが実態でしょう。

なぜなら、この18項目をお客さんにきちんと説明すると、購入に二の足を踏まれてしまう恐れがあるからです。

あの手この手で「かわいい」と言わせて、心をグラつかせて買う寸前まで盛り上げたのに、説明を聞いた途端、お客さんが「そんなに大変なんですか?」と〝正気に戻って〟しまう。それでは商売があがったりだからと、面倒くさい説明は省いて、「手がかからない」ことを強調しようとするわけです。

果たすべき説明義務を果たさないペットショップ側に大きな問題があるのですが、対面説明が形骸化している原因には、法律が守られているかを監視するシステムがないこと。そして違反したところで何の罰則もないことも大きく影響していると考えられます。何も言われないから大丈夫。罰せられないからやりたい放題。これでは、いくらお題目を並べても、ただの絵に描いた餅でしかありません。

命ある動物が、法律では「器物」扱いに

2014年7月、埼玉県で全盲男性が連れていた盲導犬が何者かに刺されてけがを

するという、本当に許し難く、心が痛む事件が発生しました。

刺し傷は複数あり、深さ２㎝に及ぶ傷もあったといいます。盲導犬はよほどのことがない限り吠えないよう訓練されていたため、刺された際も我慢していたのだと。

この事件では、動物虐待行為への怒りと同時に、警察が「器物損壊容疑」で捜査をしたこともニュースに取り上げられ、ネットなどで話題になりました。

なぜ命ある動物が「器物」扱いなのか？　命ある生きものなのに、なぜ動物は「モノ扱い」なのか？　そんな違和感を覚えた人が少なくなかったのです。

器物損壊罪は他人の所有物、所有動物を意図的に壊したり汚したりして、その価値を減少・滅失させる行為によって成立する犯罪のことで、刑法２６１条に定められています。

刑法上では、動物は「器物＝飼い主の所有財産」というカテゴリーで扱われているため、自分が飼っている犬や猫が誰かに虐待された場合には「器物損壊罪」が適用されるのです。

ただ、この「動物＝器物＝飼い主の所有財産」に大きな問題があるのです。それは、そこに発生する「所有権」という弊害です。飼い主の所有財産ゆえに、飼い主が虐待や飼育放棄をしていても周囲がそこに手が出せません。

器物扱いになっている＝命として扱われない。その結果、救わなければいけない状況にある動物たちに対して適切な処置ができないのです。

ずいぶん前ですが、当時私が住んでいた近所に、糞尿の悪臭が漂うような劣悪な環境で何十頭もの猫を多頭飼育している家がありました。その一軒家には猫たちが閉じ込められ、人は滅多に近づかない、窓は閉め切られてなかはどうなっているかわからない。近所からの苦情も出たのですが、行政に言っても警察に言っても「所有権」の壁があって手が出せず、保護されないまま——だったのです。

動物が法律上「命ある生き物」という扱いであったなら、強制的に立ち入り指導なりレスキューができたはず。でも器物である以上、虐待が明らかでも、飼い主に「オレのものをどう使おうがオレの自由」と言われたら引き下がるしかありません。

見るに見かねて飼い主のいない間に助け出したり病院に運んだりしたら、それは「窃盗罪」という犯罪になってしまいます。今の法律では、そんな動物たちを助け出す手段は「盗むしかない」のが現実なのです。

どう考えてもおかしいでしょう。命ある動物を、いまだに「器物」として、モノとして扱っている法律は、どうにかして変えていかなければいけない。

それは、目の前で苦しんでいる動物たちを救いたくても救えない、愛護活動の現場の悲痛な声でもあるのです。


法律は常に運用が監視され、内容が審議され、必要があれば改正されていくもの。そのためにも該当業者の定期的な視察、業務内容の検査などを行う必要がある。私はそう考えます。

そうした意味では現行の動物愛護法にも、改正すべき点がまだまだあります。

動物愛護法の下、第一種動物取扱業として認めたからには、国や自治体は、業者たちが法に則って、法の基本精神を遵守して業務を行っているかをチェックする義務があります。

動物の命を扱っているという自覚があるか、動物を愛しているか、動物のことを第一に考えているか、そのための知識や能力、設備を有しているかなどを厳しく監視し、適宜視察や検査を行う。

そして一定の基準を満たさないものには免許を与えない、許可しないという毅然とした姿勢で臨む。そのような法規制の強化が早急に求められます。

2015年10月、環境省はブリーダー業者に対して、親犬への過度な負担を避けるために年間繁殖回数を制限し、犬や猫1頭あたりの飼育ケージの広さについても具体的な数値指標を設ける方向で調整に入りました。

そこには利益優先、商業目的のために動物たちを虐待したり、劣悪な環境での飼育を強いたり、何度も子どもを産ませたりする悪質な業者を排除する目的があるとされています。

そもそも動物虐待に関しては、改正動物愛護法41条の４で、

「国は地方公共団体の部局と都道府県警察の連携の強化に関し、必要な施策を講ずるよう努めるものとする」

と定められています。しかし平成24年にこの法律によって実際に起訴されたのは、全国でわずか16件のみでした。

ようやく国が重い腰を上げ始めたことは、確かにひとつの前進ではあります。しかしながら、実態とはあまりにかけ離れた起訴件数を目の当たりにすると、そうした取り組みを形だけの〝お題目〟にしない対策が不可欠だと感じざるを得ません。数値指標が満たされないと疑われる場合、立ち入り検査、改善指導、勧告、命令、動物殺傷罪や動物虐待罪、動物遺棄罪といった具体的な罰則など、法律や規制が適切かつ厳正に運用されるかどうか。今後、政府にはそのための施策が求められます。

Column

●動物にやさしい社会づくりには、動物たちを守る法律が不可欠です。そこで、ペットに関する事件や裁判に関わりながら、動物愛護法などについてメディアで発信するなど精力的に活動されている弁護士の細川敦史先生に、日本の動物愛護を取り巻く法律の現状と問題点についてお聞きしました。

求められているのは、本当の意味での〝動物のための〟法律

細川敦史（弁護士）

2013年に改正されている現状の動物愛護法は、大きく分けて3つの観点からの規制で構成されています。ひとつは動物取扱業の規制に関する規定、2つ目は一般の飼い主に対する規制（適正飼養）、そして動物行政に関する規定です。

ここでは、現行の動物愛護法をはじめとする、動物愛護活動が直面している法

律面の問題点をいくつか挙げてみたいと思います。

①取扱業規制の登録審査の形式性

１９７３年にできた動物保護管理法には、動物取扱業者に対する規制はありませんでした。それが２０００年の改正によって、名称や住所などを動物行政に伝えればいいという届出制が導入され、現在はやや厳しくなって、入り口段階で要件を審査される登録制になっています。

しかし、この審査が形式的であることが、まず問題のひとつといえるでしょう。審査はされるけれども、要件を満たしていれば行政は登録を拒めないという現状が、悪質な繁殖業者（いわゆるパピーミル）や販売業者などを生むひとつの原因になっていると考えられます。

②「自治事務」ゆえに規制が機能しない――実効性の問題

まず、現行法の規制がまだ不十分ではないか、やさしすぎるのではないかという問題があります。また、その一方で指摘されているのが、現状の法規制もきちんと機能すればそれなりに効果は出るはずなのに、実際の現場ではうまく機能していないという、実効性の問題があります。

例えば、取扱業規制などは動物行政が指導監督するものなので、法律があっても行政が動かなければ何も進みません。ところが自治体の多くは、人員不足（その背景には予算不足の問題があるでしょう）や、担当者が3年程度で異動になるため専門性が維持されにくいといった問題を抱えています。

そもそも、動物愛護行政は地方自治体の「自治事務」であり、国はあくまで法律などによって方向性を示すだけというスタンスです。

国は、自治体に対する通知によって、「こうするように」という技術的指導はできるのですが、あくまでも参考としての指導であり、自治体がそれを守らなくても罰則はなく、問題はありません。国からすれば、「自治体の裁量事項なので強くは言えない」、自治体は自治体で「人員も予算もなくて」と、互いにできない理由の出し合いになってしまい、結果、何も進まない――。こうした行政、自治体の状況もまた、法律の実効性が発揮されないひとつの大きな原因になっていると考えられます。

③崩壊現場に立ちはだかる「所有権」の壁

動物に対する所有権は、動物愛護法の範囲にとどまらず、民法に関わる大きな問題です。杉本理事長もよくおっしゃっていますが、早急に新しい規制が導入されるべき問題のひとつです。

所有権の壁とは、例えば、動物愛護団体が悪質繁殖業者のところに動物のレスキューに行っても、その動物の所有権が業者にある場合、業者がその権利を自主的に放棄しない限り、勝手にレスキューすることができないという問題です。

ペットは、どこまでいっても所有者の財産なので、「この犬は自分の所有物なので、勝手に触らせない」と言われると、簡単には手が出せません。たとえその悪質業者に行政の指導監督が入ったとしても、逮捕されたとしても、任意に所有権を放棄しない限り、業者の所有物であることは変わらないのです。

この問題については、法整備によって何とかすべきであるという議論が20年近く前からされているようです。しかし、個人の財産に対する所有権は民法の大原則であり（「所有権絶対の原則」と言います）、動物愛護・福祉の観点だけで「何とかすべき」という声を上げても、そこを規制するのは一筋縄ではいかず、非常に難しいのです。

④動物の商業利用に関する具体的な法令がない

例えば、テレビ番組などの撮影中に動物が死んでしまった、ケガをしたということがあっても、あくまで動物をアテンドしたプロダクションと番組制作サイドの間での補償問題にしかなりません。いわば、モノを過失で壊してしまったという扱いにしかならないということです。

人間の場合、管理者の過失により撮影中に死亡したりケガをすれば、過失致死、過失致傷といった刑事罰の対象になりますが、動物だと撮影でひどい扱いを受けて死んでも、「動物虐待だ」と非難の対象となることはあっても、刑事罰の対象にはならないのです。

アメリカでは、アメリカ人道協会（動物と子どもの福祉向上を目的とした非営利の民間団体）が作成した、動物を映像メディアに利用する際に守るべきガイドラインがあります。動物が出演する映画などでは、エンドクレジットで「この映像の撮影中に危害を受けた動物はいません」という一文が流れるんです。

しかし、日本には、動物の商業利用に関する具体的な法令がなく、マスコミ業界内にもそうしたガイドラインはありません。

動物が出れば視聴率が取れる（ビューティ、ビースト、ベイビーの「３Ｂ」と言われているようです）ということもあって、いまだに動物番組は人気です。ならばこそ、撮影現場などにおける動物たちの福祉を考慮した法律やガイドラインなども求められてしかるべきだと思います。

⑤ペット以外の動物（畜産動物、実験動物など）にまともな法規制なし

これは〝動物〟愛護管理法と言いながら〝ペット（愛玩動物）の法律〟になってきているという問題です。法律ができた当初は条文の数自体も少なく、ペット偏重でもなかったのですが、時代の流れとともにペット（とりわけ犬猫）に関する項目が増加したため、結果として充実したけれども偏ってしまったというのが現状です。

現行の動物愛護法で、ペット以外の動物に関する規制の数は、いくつか数えるほどしかありません。ほぼないのと同じと言っていいでしょう。ただ、畜産動物や実験動物については、背景に大きな業界が関わっています。

実験動物に関しては、最近の流れで、規制を強めるべきという動きもあるので

すが、いざ法改正の大詰めになると、医学界、医師系の議員などから猛反発が寄せられます。畜産動物に関しては、規制の動きすら出てきません。こうした状況下では、資金力もなく活動に制約の多い日本の動物愛護団体は、特に手を出しにくくなっているのでしょう。

⑥心ない飼い主による安易な飼育放棄をどうするか

現行法には一般の飼い主に対する規制はあるけれど、まだまだゆるいということを私も実感として持っています。その部分を強化すべきという方向性は、ペットや動物関係に詳しい法律家たちの間でも議論されています。「次の法改正は、飼い主規制がメインだ」という流れになるかもしれません。

いつの時代にも、一定の〝モラルのない飼い主〟は存在します。ではそういう飼い主に動物を渡さないための方法はないか。例えば、自動車の運転免許証のように「動物飼育免許」のような仕組みをつくるというのも、検討できるひとつのやり方ではあると思います。

こうした法律の不備、遅れといった問題を改善するには、動物愛護法という法律が〝どこを向いた、誰のための〟法律かという基本的な考え方をもう一度見直すことも大事でしょう。

現行の動物愛護法は「動物愛護の気風がある社会は、殺伐としていないステキな社会であり、このような社会を目指す」ことを目的としています。つまり、動物目線ではなく人間社会のための法律なんですね。しかし、求められているのは、本当の意味での「動物のための法律」です。

確かに、法律というのは人間のためのシステムでないとつくりにくい面もあります。ただ、外国を見ると「動物保護を目的とする」とダイレクトに謳っている法律もあるんですね。ならば、日本でも動物目線での立法ができないはずはありません。

実際に改正のなかで少しずつ、「目的」の条文に動物目線の法律であることの表記も出てきています。目的の中で、「この法律は動物のための法律である」という精神がより明文化されることは、ほかの具体的な条文すべてに大きな影響があるんですね。

今後の法改正も含めて、誰のための法律か、何のために法律を改正するのか、という基本精神にもう一度立ち返ること。それが非常に重要だと思います。（談）

細川敦史　１９７６生まれ。弁護士。春名・田中法律事務所所属。ペットに関する事件や裁判にかかわりながら、動物愛護法などについてメディアで発信。愛玩動物飼養管理士１級。ペット法学会会員。

3.「買う」側に求められる「飼う」覚悟

「かわいい、欲しい！」「やっぱり無理」――衝動買いと飼育放棄、ふたつの大罪

抱っこさせて売る。

「かわいい」と言わせたら勝ち。

これが生体展示販売ビジネスの奥義であり、常識です。

ペットショップでもっとも利益が上がるのが生体展示販売だということはすでに述べました。ペットの生体販売はペットフードやグッズに比べて売上額も利益率も圧倒的に大きいのですが、かわいくて人気がある時期が数週間しかなく「旬」が非常に短いという側面があります。

売れると利益が大きい。しかし売れる期間が短い。ペットショップにとって生体は、

「賞味期限内に売り切らなければ儲からない」「売り時の短い」商品であり、そうした商品を扱うのにもっとも都合がいいシステムが生体展示販売なのです。

そこで求められるのは「売れるうちに、いかに早く売ってしまうか」ということ。ショップにとって、もっとも歓迎すべき売れ方は、通りがかったお客さんの衝動買いです。そしてその衝動買いを誘発させる最強の奥義が「抱っこ」なのです。

あんな小さくてかわいい子犬や子猫を抱っこしたら、誰だって幸せな気分になるでしょう。かわいさに正気を失って「欲しい、飼いたい」と思ってしまう。そんなお客さんの気持ちもわからないではありません。

しかしこの安易な衝動買いが、動物たちを苦しめる大きな原因になっているという看過できない現実があるのです。

動物をペットとして迎える際、飼い主に何より求められるのが「終生飼養」、動物が亡くなるまで面倒を見ることです。

終生飼養ができる環境があるか、飼い主にその覚悟があるか。その動物を飼うという行為が自分の年齢や体力、経済状況に見合っているか。それを真っ先に考えるのは至極当然のことであり、動物を飼う者が負う最低限の責任です。

しかし一時の欲望だけで商品に心を奪われ、後先を考えずに購入してしまうペットショップの店頭での衝動買いでは、そうした最低限の責任を負えるかどうかの自問自答がおろそかになってしまいます。

「かわいいから連れて帰りたい」という盛り上がった感情だけに引っ張られて、その動物に関する知識もなく、飼育する準備もなく、育て続けられるかどうかの検討もせず、その場の勢いだけで家に迎えてしまう。

動物を迎えるとは、子どもを産んで育てるのとまったく同じことだと思います。誰でもわが子が生まれるときは、生まれる前からあれこれ準備に奔走し、妊娠や出産、その後の子育てについても真剣に勉強するでしょう。動物を家族として迎えるときも、それと同じ気持ちであるべきなんです。それなのになぜか動物に関しては、何の知識もなく、驚くほど無知の状態のままで迎えてしまうのです。

　そして、衝動買いによって無知のまま動物を迎えたのはいいけれど、実際に飼育する段階になったら面倒の見方もわからず、しつけもできず、問題行動が起こっても対処できない。また、動物が病気になったけれど医療代がない、老犬になったけれど介護できない。さらには引っ越しをするけれど連れて行かれない。

　こうした理由で「もう無理」とお手上げ状態になって「やっぱり飼えない」と保健所などに持ち込まれる動物たちが少なくありません（＝その大半は殺処分になってしまいます）。

　安易で無責任な衝動買いという行動がネグレクト（飼育放棄）を引き起こし、結果として動物の命を奪うことになるという、悲劇的なケースは驚くほどに多いのです。

　こうした人たちには、動物をわが子に置き換えて考えてほしいと思います。

　生まれたときはかわいかったのに、子育てに行き詰ったら「育てられない」とわが子を捨てるのですか。反抗期を迎えてケンカが増えたら、「もう無理」とわが子を捨てるのですか。医療代がないからと病気のわが子を放置するのですか。わが子の存在よりも自分が住む家を優先するのですか――。

子育てには、大きな責任と覚悟が伴います。そしてその責任と覚悟は、動物の飼育においてもなんら変わらないのです。

抱っこさせて「かわいい」と言わせて無責任に売ろうとする生体展示販売のペットショップと、「買う」と「飼う」を取り違えて勢いだけで衝動買いしてしまう購入者。そこでは、もっとも重要な「責任と覚悟」が置き去りにされています。

動物を「飼う」とは、「育てる」こと。

動物を「育てる」とは、「その命に責任を持つ」ということです。

ペットを迎えるときには、飼う前にまず次のことを考えていただきたいのです。

●食費やトリミング、医療費などペット用品や設備費などを最後まで負担することができますか。

●犬が近所の人を噛んだ、夜に吠えてうるさいなどペットが起こしたトラブルは飼い主の責任です。万が一トラブルになったり苦情が出たりした場合、責任を持ってしつけをして状態を改善する余裕がありますか。

●今後、子どもが生まれたり、親を引き取ったりといった家族構成に変化が起きる可能性を想定していますか。家族が増えても犬や猫の世話にきちんと手が回りますか。

●動物愛護法によって終生飼養が義務付けられているのを知っていますか。犬や猫が高齢になって介護が必要になっても最期まで面倒を見ることができますか。

●今後、引っ越しをすることになったら、ペットＯＫの住宅を探せますか。それが難しい場合は、責任を持って犬や猫の新しい里親を探せますか。そこに労力をかける余裕がありますか。

ペットはぬいぐるみではありません。「かわいい」という一時の感情だけでは飼ってはいけないのです。

動物を苦しめる悲劇は、動物を「売る側」だけでなく、「買う側」の意識の問題からも生まれていることを知っていただきたいと思います。

飼い主に、社会に求められる「動物遺棄は犯罪」という意識

飼い始めてはみたけれど「やっぱり無理」と飼育を放棄し、「もういらなくなったから」と捨てる。人間の都合だけに振り回されて引き取られたり、捨てられたりしたのでは、動物たちはたまったものではありません。

なかには、「自分が飼っていても世話ができないから死んでしまう。捨てれば誰かが拾ってくれるだろう」という自分勝手な発想で捨てる人も少なくありません。

とんでもない話です。要するに自分では殺したくないから、自分のところで死なれるのはイヤだから、「あとは誰かよろしく」と他人任せにして逃げているだけ。

どんな理由をこじつけようと「不要になったから捨てる」ことには何の変わりもありません。自分のことしか考えていない許されざる行為なのです。

そもそも動物を遺棄することはれっきとした犯罪です。動物遺棄罪に関しては、旧動物保護管理法の頃から罰則規定が存在しており、法改正が行われるたびに量刑が引き上げられてきました。そして現行の動物愛護法では第44条３項に「愛護動物を遺棄した者は、１００万円以下の罰金に処する」と定められています。

しかし人々の間にその意識がどれだけ浸透しているかとなると首を傾げざるを得ません。「動物を捨てたって捕まらない」というのが一般的な認識ではないでしょうか。飼い主だけでなく、自治体や犯罪を取り締まる警察に至るまで、社会全体に「動物遺棄は犯罪」という認識が不足していることは否めないでしょう。

遺棄された動物の先行きに待っているのは、飢え死か、事故死か、行政による殺処分か。いずれにせよ、ほとんどが「死」です。

飼うのに飽きたから、なつかないから、面倒を見切れないから――そんな自分勝手な理由で動物を捨てるということは、自分が直接的に手を下さなくても、結果として動物を死に追いやっていることに変わりないのです。

動物を捨てるのは犯罪だということ、いや、犯罪かどうか以前に人として決して許されない行為なのだということを、飼い主が、業者が、そして社会全体が今一度心に刻まなくてはいけない、そう強く思います。

飼い主に責任感を持たせる「ペット税」の導入を

ドイツには「犬税」と呼ばれる犬にかかる税金があり、自分が飼っている犬の頭数分の税金を支払うことが義務付けられています。ドイツのほかに、オーストリア、オランダ、フィンランドなどでも犬税が導入されています。

犬税には、税金を支払うことで犬の権利を守るため、そして課金制度にすることで安易に無責任に犬を飼おうとする人を減らすため、無計画な多頭飼育に制限をかけ、飼い主に責任感を持たせるため、という目的があります。

日本でも、飼っている動物に税金がかかる「ペット税」の導入を検討するべきではないでしょうか。

私は、ペット税を導入して悪いことは何ひとつないと思っています。「多くの動物を保護している団体などは、税負担が極端に大きくなってしまうのではないか」という懸念の声もありますが、それは例外措置をとるなどいくらでも対処できるはずです。ただ、その税収は確実に動物たちのために使われなければ意味がありません。ペット税の導入と同時に、そうしたシステム構築もする必要があるでしょう。

法律上、動物を「器物」扱いするならば、せめて自動車と同じように動物飼育を免許制にする、適正飼育の指導・審査をする、違反には罰則をつくる、そして税金も納める。こうした制度が存在すべきなのではないでしょうか。

国の腰は重いかもしれませんが、ペット税導入はぜひ検討してほしいと思います。

ペットを迎えるなら保護施設で――「ペットショップで買わない」という選択

イギリスやドイツでは、犬や猫を迎える際はペットショップではなく動物愛護施設から、というケースが大半です。

また犬種にこだわる人には、プロのブリーダーと直接交渉して迎えるといった方法もあります。

その場合、実際に迎える前に、十分な準備期間を設けて、その間に飼い主は犬種の特徴や飼育方法などの知識を学び、ブリーダーはその飼い主に最後まで飼育できる環境や適性があるのかを厳しくチェックします。そうしたプロセスを経ないと、飼い主は動物を迎えることができないのです。

またオランダでも、日本のようにペットショップで「かわいい」と思ったその場で犬猫を購入できるシステムは存在しません。動物の命をビジネスに利用することは、動物たちに残酷な日々を強いることになる。それがひいては自国の民度の低下、モラルの低下につながるということが、人々の間にしっかり浸透しているのでしょう。ですから、ペットショップのショーケースを見て、「かわいいから買って帰ろう」というお気軽で無責任な売買は成立しないのです。

生体展示販売というビジネスモデルがなくならないことには、この先も日本の「大量消費→大量生産」という構図は変わりません。

ペットショップで買うのは、確かに手軽です。

飲み会の帰りに街を歩いていたらペットショップのケージの犬と目が合った、そんな理由で衝動買いすることもできるでしょう。

「テレビで見て欲しいと思ったから」「誰々も飼っているから」といった、その場限りの安易な気持ちでも買うことができてしまうのです。

大きくなり過ぎた犬猫は「特売品」として安売りされ、12月になれば「クリスマスセール」、２月になれば「バレンタインセール」と〝命の安さ〟をアピールして売ろうとするショップもあります。

手軽で、安くて、衝動買いですぐ手に入る、これが生体を売っているペットショップのメリットです。

しかし、これはあくまで買う側、そして売る側だけのメリットです。つまり人間だけのメリットです。

では売られている動物たちにとってはどうなのか。買う側、飼う側が何よりも目を向けなければいけないのは、そこなのです。


一方、保護施設の里親募集で動物を迎える場合は、ペットショップの生体展示販売のように手軽にはいきません。相応の時間がかかります。飼い主が譲渡条件を満たしているか、里親として適性かどうかの審査もあります。

「なぜ動物を飼うのか」「なぜ命を迎えるのか」「その命とずっと向き合えるのか」、迎える側、飼う側にきちんとした覚悟と責任が求められるのです。

しかしそれは何よりも動物たちのため。パートナーとして動物たちを迎えたいという思いがあれば、そうしたプロセスなど苦にならないはずです。

動物は〝動く物〟ではありません。命ある生き物です。動物との出会いは、手軽さや安さにひかれて「買う」のではなく、共に生きる覚悟と責任を持って「迎える」。飼い主になる側には、こうした意識が必要なのです。

買うやつがいるから売る。需要があるから供給する。欲しがる人間がいるから商売になる、というのがペット業者の言い分です。

ならば逆に言えば、「需要がなければ、供給する必要がない」ということでもあります。買う人がいなければ、商売にならなくなるのですから。

利益を生まないビジネスには誰も手を出さなくなるのは当然のこと。ですから悪質なペット業者を生む温床である生体展示販売というビジネススタイルを排除するためには、「ペットショップで買わない」という飼い主側の意識も非常に重要になります。

動物たちの命を守り、動物たちにやさしい社会をつくるには、動物を売る側に対する規制の強化はもちろん、飼い主側の意識変革も必要不可欠なのです。

買う前に見てほしい、動画に描かれた「負のスパイラル」

「Ｅｖａ」では、２０１５年9月の動物愛護週間に『動物たちにやさしい世界をＰｒｏｊｅｃｔ』を開催。その一環として、ペットビジネスの裏側をアニメーションにした動画を制作し、インターネットで配信しました。

動画のタイトルは「しあわせなおかいもの？」。

命ある動物がモノとして扱われ、流通、販売、そして処分されていく実態を描いたものです。

この動画を制作するにあたっては多くの方々にご協力いただきました。制作費用はクラウドファンディングで寄付を募ったのですが、なかにはご自身もギリギリの活動でのどから手が出るほど資金がほしいはずなのに、この動画の寄付集めに奔走してくれた動物愛護団体さんもありました。こうした多くの善意、多くの思いに支えられて、この動画は完成したのです。

このように私たちが発信した活動提案に対して、ほかの動物愛護団体（保護団体、啓発団体を問わず）が賛同して、参加して、ともに声を上げてくれる。

一枚岩になれないと思われがちな動物愛護団体ですが、その底辺にある思いが同じである以上、協力共闘体制が取れないはずがないのです。

まだほんの小さな光ですが、バラバラに点在していた全国の善意が、少しずつまとまってきている。この動画制作はそんな手応えを感じさせてくれました。

余談になりますが、「しあわせなおかいもの？」を制作するにあたり、動画の長さは「3分以内で」と決めていました。短すぎると印象に残らないし、長すぎると間延びして最後まで見てもらえない。もっとも伝えたいことを伝えられて、飽きさせず、印象に残るのは3分がベストだと考えたのです。

そして、限られた時間のなかでメッセージを余すことなく表現できるプロとして、テレビCMをつくっている方たちに制作をお願いしました。

今回、私たちが依頼したのは、誰も触れなかったペット業界の闇の部分、多くの人が知り得なかったペットビジネスの実態、生体展示販売をしているペットショップの裏側に切り込んだ動画です。

誤解のないように申し上げておきますが、ペット業界、ペットビジネス、ペットショップのすべてを否定するつもりはありません。なかには真摯に、ひたむきに動物の命に向き合っているペット業界の方々もいらっしゃいます。ペット業界の未来形を模索されている方々もいらっしゃいます。

ただ、これまでベールの向こうに隠れて触れられなかったペット業界の現実、真実の部分を、多くの人々に知ってほしい。その願いを込めて形にしたのがこの動画です。

ペット業界などからのバッシングもあるかもしれません。しかしそうしたリスクを背負ってでも知ってほしかったのです。なぜなら知ることから、すべてが始まるからです。クリエーターの方々も当初は、「こんなのつくって、本当にいいんですか？」

動物たちにやさしい世界をProject「しあわせなおかいもの？」
http://www.eva.or.jp/nopetshop_movie

「僕たち、刺されませんよね？」と戸惑っていたようです。

しかしこの動画に込められた私たちの思いに共感してくださり、動画は素晴らしい作品に仕上がりました。

ほかの動物愛護団体をはじめ多くの方から、「自分たちの活動ではこうしたメッセージを世の中に発信していくのは難しい。よくぞつくってくれた！」と高い評価をいただいています。

また「ペットビジネスのあり方に漠然とした違和感を覚えていたけれど、この動画を見てそれが確信に変わりました」といった気づきの声も多く届いています。

動画はかなりインパクトが強く、ショッキングな内容も含まれています。

しかし、これが目を背けてはいけない真実なのです。

真実を真実として発信しなければ、今のペット業界の実態は世の中に伝わりません。

今までと同じことをやっていたのでは何も変わらないのです。

動物を苦しめているものは何か。私たちが動物のために今できることは何か。これからしなくてはいけないことは何か。この動画にはその答えが描かれています。

みなさんにもぜひ見ていただきたい。そしてそこから何かを感じて、答えを見つけていただきたいと思います。

第3章　今、日本の動物愛護はどうなっている?

1．メディアは動物愛護活動の敵か、味方か？

「かわいい」だけをアピールするメディアが生体展示販売を助長する

子どもと動物には勝てない——テレビの世界では昔からこう言われます。

幼い子どもや小さな動物が画面に登場すると、見る者はみな、そのかわいらしい仕草や演技、健気な姿に目を奪われる。悲しいものや見ていてつらくなる映像より、手放しでかわいい映像のほうが視聴者に受け入れられるということです。

バラエティ番組などでよく見られる「素人の投稿ビデオ」でも、ワンちゃんネコちゃんを撮影した作品には人気が集まります。

「企画に困ったら動物モノ」という話も聞きますが、テレビ業界において、「かわいい動物」は、労せずに高視聴率をもたらしてくれる魔法の杖のような存在なのです。

テレビやCMなどに登場するかわいい動物たちを見て、その姿や仕草に癒やされる、やさしい気持ちになる。それはごく当たり前のこと。人として自然な感情でしょう。

ただ、ここで問題にしたいのは、かわいい動物が目白押しの動物バラエティ番組を見て「あんなかわいい犬を飼いたい」「ウチも猫ちゃんが欲しい」と思い立ち、その足でペットショップへ買いに走る――衝動的にペットを飼い始める人が少なくないという現実です。

前章で、「ペットショップでは客に『かわいい！』と言わせたら勝ち」「抱っこさせたら勝ち」というセオリーがある、そのセオリーに乗せられた衝動買いが、あとの飼育放棄につながるケースが非常に多いと申し上げました。

目の前のかわいらしさだけにひかれて衝動買いをするという意味では、「テレビで見てかわいかったから飼いたい！」というのも同じこと。

「すぐに欲しい」という衝動買いでは、さまざまなステップを踏む必要がある保護施設から迎えるのではなく、生体展示販売のペットショップで〝購入〟したほうがお手軽で手っ取り早いと考える人が圧倒的なのは明らかです。

視聴率を取るために動物たちの「かわいい」部分だけを取り上げて次々に紹介する。そうしたメディアの姿勢は、ペットの生体展示販売の拡大をあと押しし、衝動買いとその先にある飼育放棄を促してしまうリスクをはらんでいるのです。

毎回登場する子犬や子猫たちはどこから来たのか。どこへ行くのか。本来ならば動物バラエティのような番組でも、そうした事情をきちんと説明する、注意を促すといった姿勢が求められるべきでしょう。

例えば、

「ペットショップの生体展示販売では対面説明が必要な18項目がある」

「生後56日以内の犬や猫は販売してはいけない（2016年8月31日まで制限月齢は生後45日、それ以降新たに法律で定めるまでの間は生後49日）」

「その動物の特性、適切な飼い方を学ぶ」

「感染症を防ぐための知識が必要」

といった動物愛護法の条文や飼育をするうえでの重要事項。そして、もし飼育放棄されてしまったら動物たちにはどんな過酷な現実が待ち受けているかなどもきちんと伝えるべきなのです。

「かわいい」だけを前面に押し出して購買意欲を煽るのでなく、動物を飼うことの意味、そこに求められる覚悟、目を背けてはいけない現実を提示することが、命の衝動買いをなくすために必要不可欠だと思います。

ヨーロッパの動物愛護先進国では、そもそもペットの衝動買いができないような社会のシステム、法規制が確立しています。

ペットを迎えるとしても、その大半は保護施設から引き取るという選択肢しかなく、そのうえ飼い主には厳しい審査がある。日本のように街なかで展示販売されているケースは少なく、誰でも欲しくなったらすぐに買えるというわけではない。

ですから、たとえ動物の「かわいさ」だけを取り上げたテレビ番組が流されて、ひと目ぼれしても、衝動買いの手段がありません。

しかし生体展示販売の王国である日本では、「かわいい➡即、購入」がいとも簡単に許されてしまいます。

だからこそメディアには、自分たちが大きな影響を持っており、当然、それと同等の大きな責任もあることを自覚してほしいのです。

ただただ「かわいい」だけを垂れ流すのではなく、その動物を守り、共に暮らしていくために知らなければいけないことを明確に伝える。視聴者にはそれを知る権利があり、メディアにはそれを伝える義務と責任があるはずです。

メディアの動物愛護に関するスタンスを世界基準に

以前、イギリスの公共放送機関BBC（イギリス放送協会）は、人間の都合によって犬たちの健康が脅かされている現状を取材したドキュメンタリー番組を制作、放送しました。

純血種の犬の外見的特徴をより誇張するために近親交配などの無理な繁殖を強いられた結果、あらゆる犬種の間で脊髄空洞症などの遺伝性疾患が増加している現実を告発したのです。

動物愛護の先進国であるイギリスでは、メディアも高い意識を持っています。それが、動物の命と健康を軽んじる行為に厳しくメスを入れる番組を生むのでしょう。こうした番組を見るにつけ、「ＢＢＣでできることが、なぜ日本のメディアではできないのか」という思いに駆られます。

ペットの生体展示販売というマーケットの裏側で動物たちが強いられている悲惨な現実、そこで行われている驚愕の行為などは、まさに業界の〝闇〟の部分。

残念ながら一般の人たちにはその事実を知る術がありません。心ある多くの人たちが声を上げようにも、現状を知る機会がないのです。

しかも日本のメディアは、そうした動物の置かれている現状について、あまり関心を持とうとしません。

私が立ち上げた「動物環境・福祉協会Ｅｖａ」で講演会や発表会などのイベントを開催するときには、各方面のメディアに取材依頼の声をかけるのですが、それでもなかなか関心を持ってもらえません。

雑誌や新聞などの紙媒体が来てくれることはあっても、テレビ局を動かすのは本当に難しい。「おもしろいか、おもしろくないか」が取材するしないの最大の判断基準にされてしまうため、なかなか取り上げてもらえないのが現状です。

悲惨な環境に置かれている動物の話ですから、「おもしろいか、おもしろくないか」だけで天秤にかけられれば、確かに「おもしろくない」と判断されてしまうのも仕方ありません。

動物愛護先進国のメディアに目を向ければ、そこには日本のように利益を優先し、視聴率ばかりを重視するのではなく、動物愛護の真実にきちんと向き合った報道姿勢、メディアの責任を意識したコンテンツづくりがあります。

それこそが世界基準、メディアのグローバルスタンダードなのです。

そういう意味で、日本のメディアは動物愛護において、世界から大きく後れを取っているといえるでしょう。

何を伝えるか、何のために発信するか。

伝えるものを「おもしろい」「おもしろくない」で決めるのか、「伝えるべきもの」「伝えなければならないもの」か否かで決めるのか。

あらゆる分野でグローバル化が進み、メディアもまた例外ではないはず。動物愛護についても、ぜひとも世界基準を意識した情報発信をしてほしいと思います。

私も女優という、メディアで活動している人間のひとり。それゆえにメディアの持つ発信力、社会に与える影響力の大きさはよく知っているつもりです。

ひとたびメディアが腰を上げて〝動物の現状を知る権利〟のために動きだせば、日本における動物愛護の普及啓発活動は一気に拡大するはずです。

メディアには社会を変えていく力があります。それを誇りに感じ、与えられた使命と感じて、世の中に発信するべきことに向き合ってほしいと痛切に思います。

組織を動かすのは人。心あるメディアは行動を起こし始めている

そんななか、動物愛護の啓発という自らの役割を認識して、具体的にアクションを起こすメディアも出てきています。

フジテレビの系列局である「NST新潟総合テレビ」もそのひとつ。

新潟市中央区に本社を置く新潟総合テレビでは、局を挙げて動物愛護を推奨するスタンスに立ち、自局で動物愛護のテレビCMを制作してオンエアしています。

新潟県動物愛護センター、新潟市動物愛護センター、さらに新潟県を中心に活動しているボランティアの動物愛護団体・新潟動物ネットワークと協力して、動物を守るキャンペーンを実施。啓発活動のほかゆくゆくは、テレビCMで保護動物の里親、飼い主を募集するという計画もあるといいます。

動物愛護週間など行政主導ではなく、テレビ局が独自に動物愛護のキャンペーンを行うのは非常に珍しいケースと言えるでしょう。

また、ある朝の情報番組では、アンゴラニット工場で行われている残酷な生産の実態を取り上げました。

アンゴラウサギの毛は「アンゴラニット」と呼ばれる毛織物の材料になります。アンゴラニットは9割が中国で生産されているのですが、そこでは目を背けたくなるような行為が繰り広げられています。

ウサギの前足と後ろ足を縛り付けて台に固定し、何回にもわたって、人の手で、身体の毛をむしり取るのです。声帯を持たないため本来ウサギは声を出して鳴かない動物とされています。そのウサギが痛みで泣き叫ぶ、それほどに残酷な方法でアンゴラニットは〝生産〟されているのです。

こうした実態について情報番組が取り上げてくれたのは、非常に歓迎すべきこと。「日本にもこういう現実に目を向けてくれるメディアがあるんだ」と、将来への一筋の光明が見えた思いがしたものです。

そういったテーマを取り上げてオンエアするまでには、局内でもさまざまな意見が

新潟が目指す、殺処分ゼロのまちづくりをみなさんと一緒に考えたトークセッションの様子

あり、議論がなされたのは想像に難くありません。

アンゴラニット製品を販売しているファッションメーカーや流通大手などスポンサーへの配慮、朝の番組で残酷な内容を放送することへの抵抗感、視聴率にマイナスの影響があるかもしれないという危惧――そうした〝抵抗勢力〟があるなかで、「オンエアするべきだ」と、地道に根気強く周囲を説得し、上層部と戦ってくれた人がいたのだと思います。

組織を動かす力になるもの、それはやはり「人」です。

本当に少しずつではありますが、メディアの意識も変わってきています。「心ある人の思い」が、少しずつメディアという大きな岩を動かし始めているのです。

プロデューサーやディレクター、現場のスタッフなど、「本当に伝えなければいけない大事なこと」に気づいた誰かが声を上げることから、メディア全体の意識改革は始まるのだと、私は信じています。

2．動物愛護にまつわる政治と行政——この国は動物を守れるのか

動物よりもペット業者を愛護する「動物愛護部会」

日本のペット業界は、生体展示販売のペットショップや繁殖業者、オークション主催者、さらにはペットフードやペット雑貨などの分野まで含めると「1兆円産業」といわれるほどに、その規模は巨大化しています。

ここまで巨大化すると、殺処分をゼロにする、生体展示販売をやめさせる、悪質なペット業者を排除するといった動物愛護の活動にとって乗り越えなくてはならない弊害も大きくなります。つまり、業界の利権を守りたいと考える〝抵抗勢力〟も多くなるということです。

実際に、行政による規制強化を訴える活動をしていても、そこには「業者が守られる仕組み」という大きな壁が立ちはだかっています。

例えば――。

環境省には「中央環境審議会（中環審）」という審議会があります。環境保全に関する施策への意見具申、調査審議を行うために設置された環境大臣の諮問機関です。

中環審には「総合政策部会」「廃棄物・リサイクル部会」「循環型社会計画部会」など15の部会が置かれ、そのひとつとして「動物愛護部会」も設置されています。

中環審では各部会の調査審議、提案を踏まえて環境省に意見具申し、環境省はそれを踏まえて法律改正などを行います。

つまり動物愛護法の改正も、動物の福祉に関する規制を新設するのも、すべて動物愛護部会を通さなければ進まないということ。

そうなれば当然、その部会で審議する委員たちの意見が、ペット業界の行く末を大きく左右することになるわけです。

では中環審の委員、動物愛護部会のメンバーはどうやって選ばれているのか。

そのことに強い疑問を感じて、環境省の方に「誰が、どうやってメンバーを決めているのか」「環境省はその人選に関する権限を持っているのか」を聞いたことがあるのですが、案の定、はっきりした答えをいただけませんでした。

しかし環境基本法では、中環審の委員（定員30名・任期2年）は環境保全に関して学識や経験を持つ者から環境大臣が任命し、必要な場合は専門委員や臨時委員などを置くことができるとされています。

最終的に任命するのは環境大臣ですから、大臣が「この人を選ぶ」と言えば通るのかもしれませんが、大臣がすべての人選をしているはずもありません。では実際に人選しているのは誰か、人選に何の力が働いているのか。私たちにとってはその実態を知る術がないのです。

私は常々、動物愛護部会の審議委員には〝動物のための動物愛護〟を真剣に考えている人がメンバーに入らなければ意味がない、と訴えています。しかし残念ながら現在の動物愛護部会の委員は〝ペット業界寄り〟のメンバーによって構成されていると言わざるを得ません。

そうなると、法令改正や規制の新設が審議議題に上っても、ペット業界にマイナスの影響があるものはなかなか採択されにくい状況になりがちです。

今の動物愛護部会は、「国が動物愛護に取り組んでいる」というエクスキューズではありますが、その内実はペット業者を守るため、大きな市場であるペット業界を守るための〝業者愛護〟部会に傾いてはいないか。そんな違和感が拭えないのです。

この部会は「動物愛護」の名を冠した国の機関です。その名のとおり、何よりも動物たちのための存在であってほしい。それを実現するためにも、部会への動物愛護のエキスパートの参画を実現していただきたいと思っています。

動物の命より「既得権益」を重視する抵抗勢力

２０１３年11月、当時の環境大臣政務官だった牧原秀樹氏（自民党）が、犬猫の殺処分ゼロを目指す取り組みとして『人と動物が幸せに暮らす社会の実現プロジェクト』を立ち上げました。

ペット事業者やボランティアの動物愛護団体、NPOなど各方面の関係者たちとのヒアリングを重ね（私も参加させていただきました）、具体的な対策や活動内容などを検討したうえで、翌年2014年6月に活動の基本方針となるアクションプランが発表されたのです。

牧原氏はこの動物愛護プロジェクトを、あえてご自身の名前を使って『牧原プラン』と名付けました。

「なぜ自分の名前を付けたのか」と少々の違和感を覚えたのですが、のちに聞いたところ、このプロジェクトを正式な手順を踏んで決めようとすると、すべて中環審を通さなければならない。しかし現状では、こうした内容の提案はすべて却下されてしまうだろう。

だからあくまでも「牧原氏が個人的に進めている形にする」という〝裏ワザ〟を使って、中環審を通さずに強引に立ち上げるしかない。そのためにプロジェクト名も、牧原氏個人の名を冠した『牧原プラン』にしたということでした。

結果として、強引に立ち上げたこのプランが環境省の中で想像以上の発信力を持ったために、条文化、明文化されて、環境省における動物愛護施策の正式な指針となりました。

しかし、こうした経緯で採用された『牧原プラン』は、ペット業界にとって決して歓迎できるものではないはず。ですから、牧原氏の元には、業界の一部から「オレたちの商売を潰す気か？」といった類の大きな圧力がかかったであろうことは想像に難くありません。

そもそも、そうした裏ワザを使わないことには、業界寄りの中環審、動物愛護部会という壁を越えられないこと自体、何ともおかしな話です。

その業界から利益を得ている人、その業界に何かしらのうまみがある人が、その既得権益を守るためだけに、業界に都合の悪いことを排除する。

これは動物愛護に限った話ではありません。日本という国は、あらゆる分野ですべてが同じ構造になっています。

業界の利益を守りたい人たちが役人と結び付いてお互いに利害関係を共有しているため、心ある人が何かを変えようとしても真実を追求しようとしても、最初から受け入れてもらえません。

さらに、その利害関係の共有をチェックする仕組みもありません。そうした第三者機関をつくりたがらないのも、この国の未成熟な部分でしょう。

動物愛護法の改正に関しても、超党派で臨むべく議員連盟が立ち上がっていますが、そういった議員連盟のなかにも、本当に動物の命を案じ、命を守るために動物福祉の向上を目指して誠実に取り組んでいる議員もいれば、完全に業者側に立ってその既得権益を守るために入っている議員もいます。

業者側に立つ議員たちが関心を持っているのは、規制が厳しくなるような法改正がなされて自分たちのうまみが減りはしないか、利権がなくなりはしないかということだけ。それらを守るためには必死になって抵抗するわけです。

審議会や部会というのは議論の場ですから、さまざまな意見があって当然です。しかし、反対意見を述べる、抵抗するのならば、その理由を明確に示すべきなのです。筋道の通った理由を挙げて反対なり抵抗なりするのが議論のルールですから。

しかし「既得権益がなくなる」とは言えないものだから、匿名で反対し、反対理由はうやむやにして、最後には数の論理で排除する。

一部の人間の欲得、損得勘定のために、動物の命を守るための、本当に必要な法律やルールが闇に葬られてしまうのです。

そういう意味では、議員連盟の議員の方がいくら超党派の個人レベルで熱心に活動されても、最終的に各政党レベルでの話になった途端、一気にトーンダウンしてしまいがちというのも事実。個々の方々のせっかくの熱意が、肝心な法改正の場につながらないことが多いのです。

ですから、そうならないためにも議員の方々にとっては日々の地道な活動が大事になります。普段から政党内で動物愛護の問題について、ほかの議員の方々から理解を得られるような活動を行っていただきたく思います。

3．動物愛護団体の今事情

公益団体になっている大規模なものから有志市民のグループまで、大小を含めて、日本全国に数多く存在する動物愛護団体。

その主たる活動は、遺棄された動物の救出や里親探しといった「保護」と、虐待防止や飼育放棄根絶などの意識向上を促す「普及啓発」の2つに分けられます。

ただ、ひとつの団体で保護と啓蒙啓発の両方の活動を行うのは至難の業です。活動の内容がまったく違うため、両方やろうとすると、多くの人員も必要になるし資金もかかってしまうからです。

そのため動物愛護団体では、保護を中心に行う団体、普及啓発が中心の団体と活動内容を特化しているケースが多くなっています。

しかしオールマイティを目指してすべての活動がどっちつかずになるよりも、各々の団体が自分たちの得意分野で活動をしっかりと推し進めていくことが重要なのではないか、私はそう考えています。動物を守りたい、動物にやさしい社会をつくりたいという思いが底辺の部分でつながっていることが大切なのです。

まずは、「保護」「普及啓発」の2つの分野について、具体的にどのような活動がなされているのかを簡単に説明します。

保護活動①――放置・投棄された動物を救う「3つのレスキュー」

保護活動はその内容、保護対象となる動物によって、次の3つに分けられます。

●多頭レスキュー（ペット業者から）

利益目的の繁殖業者（パピーミル）や心ない生体展示販売のペットショップ、ペット業者から〝用済み〟〝売れ残り〟の処分を委託された引き取り屋――。

ペット業界に巣食うこうした悪質な業者たちの多頭飼育放棄によって放置されたり、

遺棄されたりした動物たちを救い出す活動が多頭レスキューです。

繁殖業者のなかには産めない犬たち猫たちを抱えなくて済むように、産ませるだけ産ませたあと、意図的に経営破綻して動物たちを放棄するという、〝産ませ逃げ〟を繰り返すけしからぬ輩もいます。

そうした業者は動物愛護団体を都合のいい〝片付け屋〟としか考えていません。繁殖場を崩壊させて動物を放置しても「どうせ愛護団体がレスキューで引き取ってくれるだろう」と。多頭レスキューが入るのもすべて想定した上で放置するのです。

最初からレスキューをアテにされて堂々と放置される。保護活動が都合よく利用される。悪い連中だけが常にいい思いをするという構造になっている。動物愛護団体は動物の引き取り所ではない。でも、だからといって放置された動物を救わないわけにいかない――。

近年、保護団体の主要な活動のひとつになっている多頭レスキューですが、動物たちの命を救うために非常に重要な活動であると同時に、「悪質業者とのイタチごっこ」

という難しい課題も抱えているのです。

●個人レスキュー（個人の飼い主から）

業者ではなく個人の飼い主の飼育放棄によって行き場を失ったペットたちを引き取って保護します。「かわいいから飼ってみたけど、やっぱり育てられない」という自分勝手な都合で不要となった動物たちを救う活動です。

また近年増加しているのが個人の多頭飼育崩壊です。２０１6年1月下旬に東京都練馬区で、体調を崩して入院した60歳代の男性宅から約50匹の猫が見つかり、家の中を確認した親類の依頼で区内の動物愛護団体によるレスキューが行われたという出来事がありました。

家の中は糞尿にまみれて悪臭が漂い、充分な食事も与えられずに栄養失調で衰弱している猫も多かったといいます。この男性は猫たちを手放すことに同意しているそうですが、個人で約50匹というのは、明らかに常識を逸脱しています。

捨て猫がかわいそうで次々に拾ってきてしまう。飼い猫の避妊・去勢手術をしていないなど、個人の多頭飼育が立ち行かなくなったために行き場を失った動物たちを救う活動も増えているのです。

●シェルターレスキュー（行政施設から）

シェルターとは殺処分が行われる行政施設、つまり保健所のこと。動物愛護法の改正で行政は業者からの動物引き取りは拒否できるようになりましたが、依然として個人からの持ち込みは引き受けています。

しかし保健所の保護設備にも限界があります。キャパシティを超えてあふれた動物たちは結局、殺処分になってしまうのです。

それを救うべく、保健所であふれた動物たちを引き取って保護するのがシェルターレスキューです。

保護活動をメインとしている団体はその規模や活動趣旨に合わせて、これら3種類のレスキュー、もしくはそのなかのいずれかに特化した活動を行っています。

保護活動②——救出した動物の新しい飼い主を探す活動

こうしたレスキューによって救出した動物たちの、新しい飼い主、新しい引き受け先、いわゆる里親を探すのも重要な保護活動になります。

新しく犬や猫などの動物を飼いたい人に向けて、団体が保護飼育している動物たちの里親を募集し、応募者とのマッチングをした上で譲渡する——基本はこうした活動なのですが、これもまた、なかなか難しいのです。

里親希望者には面談・審査をして「譲るか譲らないか」を決めるのですが、ここで揉めたりトラブルになったりすることも少なくないのです。

里親希望者には団体が独自に定めた譲渡条件を提示して、それをベースに審査が行われるのが一般的です。

つまり条件が比較的ゆるい団体もあれば、ものすごく厳しい団体もあるということ。厳しい団体の場合、里親募集に手を挙げても、審査で断られるケースも多いのです。例えば「ひとり暮らしの男性には譲渡しない」という条件を設けている団体があります。

「ひとり暮らしの男に飼われた動物は、みんな不幸になるのか」と反論されれば「そうではないけれど」と返答するしかありません。ひとり暮らしイコール世話ができないということはありません。細やかなケアのできる人ももちろんいます。

ただ統計的に見ると、動物が虐待されるケース、仕事で家を空けがちで動物が放置されるケースはひとり暮らしの男性に多いというデータがあるのです。

ほかにも「同棲中のカップルには譲渡しない」「ペット可であっても賃貸住宅の人には譲渡しない」といった条件があることも少なくありません。

これらにしても「真面目に飼う気がある」「ペット可だから大丈夫」と言われそう

ですが、前者の場合は、別れる、子供ができるなど将来的な安定性に欠けますし、後者の場合は引っ越したり賃貸条件が変わったりする恐れがあります。そうなった場合、動物を飼い続けられなくなる、飼育放棄の可能性も出てくるでしょう。

ならば最初から、できるだけそうしたリスクの少ない人に譲渡したい、という結論になってしまう団体側の気持ちもわかるのです。

里親希望の人のなかには、動物をモノのように使い捨てする人や、自分のストレス解消のために虐待する人もいます。動物実験用に販売する目的で〝仕入れよう〟とする人もいます。「困ってるならもらってやるよ」という〝上から目線〟のおかしな人もいます。こうした「里親詐欺」があとを絶たないのです。

地獄のような境遇から救い出した動物たちが、再びそうした人たちの手に渡ってしまう可能性があるとすれば、それは絶対に避けなければなりません。

いたずらに基準を下げると、そこからまた負のスパイラルが始まってしまう恐れがある。愛護団体の人たちはそうした事例をいくつも見てきています。

それゆえに新しい里親の審査には神経質になる。悪質な連中を見極めるために、ある程度、厳しい条件を提示せざるを得ないのが実情なのです。

条件が合わずに断られた人は気分がよくないでしょう。その気持ちはわかります。しかし、愛護団体が何にも優先して考えているのは、保護した動物たちの幸せです。何よりも心配しているのは救うことができた命の行く末です。ですから、里親を希望する人には、そのために譲渡条件が厳しくならざるを得ないことを理解していただきたいと思うのです。

しかしもう一方で、今の日本のペット事情を考えれば、譲渡条件を厳しくしすぎると「もらえないならペットショップで買う」という結果になってしまいかねません。「ペットを新たに迎えるときは、ペットショップではなく保護施設から」と訴えているのに、その保護施設からの譲渡のハードルが高いというのも、これはこれで本末転倒な話で――。

基準が厳しすぎると生体販売の助長にもつながってしまう。でもゆるすぎても悪質な里親に渡るリスクが高くなってしまう。

これは動物愛護団体にとっては非常に大きな、難しい問題と言えます。多頭レスキューと同様に、里親探しの活動でも大きなジレンマを抱えているのです。

普及啓発活動

啓発とは「人が気づいていないことについて教示し、より高い理解へと導くこと」。『憤せざれば啓せず、悱せざれば発せず』という論語の言葉に由来しています。

この言葉のとおり、多くの人たちが知らず、このままでは知り得ないであろう動物が置かれている環境、動物を取り巻く社会事情、人と動物が共生できる社会づくりの取り組みなど、動物愛護の精神を広く知らしめていく地道な活動です。

具体的には全国各地での講演活動、啓発チラシやパンフレットの作成・配布、イベントやシンポジウム、動物愛護週間に向けた啓発プロジェクトなど。私が立ち上げた「動物環境・福祉協会Ｅｖａ」も、このような普及啓発を活動のメインとしています。

なぜ動物愛護団体は一枚岩になれないのか

これほど多くの動物愛護団体があるのであれば、一致団結して国や自治体に、メディアに、世論に、大きな影響力を持って主張を発信できるのではないか。

私自身もそう考えているのですが、実際問題として、なかなか大同団結できないというのが現実です。

少なくとも「動物の殺処分をなくす」「無責任な飼い主を生まない」「動物福祉の向上」という基本理念や目的に関しては、どの団体も一致しているはずです。

それでも団体同士で足並みが揃わない、一枚岩になれないのはなぜか。

団体によって遺棄・放置動物の保護の仕方や譲渡の条件など、愛護活動のアプローチの仕方は違います。どの団体もその団体なりのやり方、考え方を持っています。

それは、団体によって動物にとって何が必要なのか、どうなることが動物を幸せにするのか、という価値観、「これが動物のため」という判断基準が違うということ。

今の日本の動物愛護団体は、大小さまざまな善意が、あちこちに分散してランダムに点在している状態なのです。

その善意がひとつにまとまれば、非常に大きな力になることは、みんな頭ではわかっています。

個人の意見や価値観が違うのと同じように、組織によって考え方が違うのも当たり前。それもみんなわかっているはずです。

わかってはいても、なかなか他の人のやり方、よその団体の考え方に歩み寄れないのでしょう。「違う」という当たり前を受け入れつつ、「私はこう思うんだけど、どうですか」という前向きな歩み寄りが必要なのですが、それがなかなかできない。

自分たちが、自分たちの思いで立ち上げた団体ゆえに、自分たちのやり方へのこだわりが強く、それがみんなで共同戦線を組むという発想を遠ざけているのです。

原因のひとつは、動物愛護団体全体のスタンダードとなる明確な基準がないことにあると私は考えます。

それぞれの団体が、それぞれの価値観や考え方だけをベースにして活動しているために、自分たちと異なる活動をしている団体と相容れない。他団体の活動に批判的になるなど、協力体制が取れなくなっているのです。


同じ団体のなかでも、意思統一が図れているつもりで、個人レベルでは考え方が違うというケースが往々にしてあります。

そのため、掲げている同じ理念や目標に目を向けず、あの人はイヤ、このやり方は気に入らないといった理由で脱退したり、分裂したりする。

これでは団体同士が一致団結するどころか、ひとつひとつの団体の規模が小さくなっていくばかりでしょう。

しかし「数は力なり」です。

本来の基本理念に目を向けることで、点在している善意が一枚岩になれれば、国や自治体に働きかけ、メディアに重い腰を上げさせ、世論にムーブメントを起こすための大きな影響力に十分なり得るはず。

例えば、日本国内のすべての動物愛護団体が加盟する協会のような組織をつくり、各団体はその傘下で支部として活動する。横のつながりを強化したネットワークを構築するというのも、今後検討すべきひとつの道ではないでしょうか。

そうした体制になれば、「遺棄された動物には、こうすることが望ましい」「新しい里親への譲渡基準はこの○項目を満たすものとする」といった保護・管理などの活動基準を明確にできます。また資金面での協力体制も整えることができるでしょう。

例えばドイツには「ドイツ動物保護連盟」という民間組織があります。その傘下には16の州支部と７００を超える地域の動物保護協会が置かれ、さらにこれらの協会には５００以上の「ティアハイム」と呼ばれる動物保護施設が属し、80万人を超える個人会員も加盟しています。

ヨーロッパでも最大規模といわれる「ドイツ動物保護連盟」は、その影響力も発言力も強く、動物愛護先進国ドイツを象徴する存在になっているのです。

目的を同じくする団体が団結して協力体制をとり、ネットワークを構築して活動する。こうした海外の例を見るにつけ、動物愛護団体が一枚岩になれない日本はまだまだ未成熟だと痛感せざるを得ません。

全国に点在している尊い善意や熱い思いを集約して大きな力にするために、日本の動物愛護団体はそのあり方をもう一度考える必要があるのではないかと思います。

第４章

動物のために、これから何ができるのか

高齢者と動物の〝真〟のマッチングが社会を救う

日本の高齢化社会問題は年を追うごとに深刻化し、２０５０年には高齢者（65歳以上）の全人口に占める割合は約40％に達するとも予想されています。

私は、こうした高齢化社会に、動物愛護活動のひとつの可能性が見出せるのではないかと考えています。

現在、動物愛護団体などの保護施設では、新規の里親探しをする際の譲渡条件に「高齢者は不可」としているところが少なくありません。

確かに、飼い主に万が一のことが起きたときに動物たちが放置されるリスクを考えれば、高齢者への譲渡に二の足を踏んでしまう保護施設の気持ちも理解できます。

しかし高齢者のなかには、ずっと飼っていた動物を亡くし、「また犬や猫と一緒に暮らしたいけれど、もうこの先は自分がいつどうなるかわからないから」と、自ら動物と共に暮らすことをあきらめている人も大勢います。

愛犬を連れて近所を散歩していると高齢者の方にも声をかけていただきますが、そこでよく聞くのも、

「ウチにもワンちゃんがいたんですよ。でももう年だから迎えられなくてね」

という声。そういう話を聞くたび、「もったいないなぁ」と思っていました。

自分が亡くなったあと、動物たちを残していけない――こうした発想になれる人こそ、動物への愛情あふれる飼い主さんであるはず。本当ならば、このように動物たちのその後を第一に考えてくれる心ある方々にこそ、里親になって迎えていただきたい。もう一度、動物の面倒をみてほしいのです。

動物たち、とくに老犬や猫などにとっては、仕事で家を空けがちな若い人よりも、ずっと家にいてくれる高齢者の飼い主のほうが触れ合う時間も長く、幸せなのです。

迎える高齢者にとっても、日に2回、犬を連れて散歩するだけでも生活が大きく変化します。適度な運動になって健康状態がよくなるのに加えて、散歩中に出会う人とコミュニケーションを取る機会が増えるというメリットもあります。

また、ひとり暮らしの高齢者にとっては、かけがえのない大切なパートナーとしての存在も大きいでしょう。

連れ合いを亡くした高齢者が、飼っていた犬や猫の存在によって救われた、寂しさや悲しさ、喪失感や孤独感から救われたという話もよく聞きます。

お互いがお互いにとって大切な存在になるという高齢者と動物のいい関係。このマッチングに、動物愛護活動として取り組むべきひとつの方向性が見えてきます。

誰もが幸せになる「生きがいプロジェクト」

リスクもあるけれど、心ある高齢者の方にはぜひ里親になってほしい。そこで必要になってくるのが、家族や地域コミュニティ、国や自治体などによる、動物を引き取った高齢者へのケア・システムの確立です。

私も以前から高齢者と動物のマッチングには強い関心を持っており、「Ｅｖａ」を通じて私の出身地である京都市に、そのためのプロジェクトを提案しました。

高齢化社会が進むなか、問題になってくるのは年金システムや人口減といった社会構造の変化だけではありません。高齢者当人の生活環境や心と身体のケアをどうするかも大きな課題です。

高齢者のなかには、日常生活に支障がなく自活できるにもかかわらず、何かしらの虚無感、疎外感を抱えているというケースが増えているといいます。そうした高齢者の心のうちには、「社会から必要とされていない不安」「誰かに必要とされたいという思い」があるのだと思います。

そうした高齢者の方々は、過酷な環境から救い出された犬や猫を引き取って慈しみ、育て、共に暮らすことで、自分の存在が小さな命のため役に立っている、必要とされている、動物にやさしい社会づくりに貢献できているという実感を持てるはず。

そして動物たちに頼られていることが生きがいになれば、自分自身もより充実した老後を過ごすことができるでしょう。

譲渡先の高齢者のケアについては、地域の民生委員（厚生労働大臣の委嘱を受けてひとり暮らしの高齢者など援助が必要な人たちのケアや相談といった奉仕活動を行っているボランティア）と地元のボランティアが協力体制をとる。そうすれば譲渡動物のその後の状況確認を理由に、高齢者の家を訪問することが可能になり、継続的なコミュニケーションを図ることもできます。高齢者の健康状況も定期的に把握でき、ひいては孤独死の防止にもつながります。

また、飼い主の高齢者に万が一のことがあったときには、民生委員と愛護団体で責任を持って残されたペットの新しい里親を見つける。そうすることで高齢者の飼育放棄による保健センターへの引き取り（＝殺処分）を減らすことができるでしょう。

動物はあたたかい愛情を注がれて暮らすことができる。

高齢者は社会と関わりながら心豊かに生活することができる。

愛護団体や保護施設も安心して動物たちを譲渡できる。

そのプロジェクトに少しでも国や自治体の予算がついて、地方の動物愛護団体に助成金として支給されるようなシステムになれば、綿密に高齢者を訪問できるなど活動の幅を広げることができるはず。それがひいては高齢者介護にかかるコストの削減にもつながることは十分に予想できます。

京都市では２０１５年10月から、60歳以上の保証人のいない高齢者への譲渡も可能になりました。もしもその人に何かあったときには、再び行政の動物愛護センターが引き取り、新たな里親を探すことになっています。

ただし注意しなければいけないのが、ペット業者のほうでも高齢者とペットとのマッチングに〝うまみ〟を見出し始めているという点です。

２０１５年11月、東京でペット関連業界の11団体から成る「ペットとの共生推進協議会」が主催するシンポジウムが開かれました。

そこで行われたパネルディスカッションでは、犬の飼育頭数減少に歯止めをかけるためにも、高齢者にいかに犬を飼わせるか、という議論が盛り上がったといいます。

私たちの生きがいプロジェクトも、ペット業界の高齢者狙いも、一見すれば同じ「高齢者とペットのマッチング」ですが、その本質や目的はまったく違います。正反対と言っていいでしょう。

根本的な違いは、年々増加している高齢者によるペットの飼育放棄をどう考えるかという点です。高齢者が犬や猫を飼うにあたっての大きなリスクは、飼い主が要介護状態になったり、亡くなったりしたときのペットの処遇の問題です。万が一のことがあったとき、ペットたちはどうなるのか。

高齢者とペットのマッチングを推し進めるにはそのリスクに対する対策が不可欠になります。動物愛護団体や地域の民生委員との連携の下で行われる生きがいプロジェクトは、動物たちの〝あとのこと〟までフォローできる仕組みになっています。

しかしペット業界のほうは、ベースにあるのはあくまでもお金儲け。高齢者を動物を買ってくれるお客としてしか見ていません。だから売ったら売りっぱなし。売れればあとはどうでもいい。高齢者と知っていながら面倒を見るには体力が必要な子犬や活動的な動物でも勧めるなど、高齢者の健康状態やライフスタイルなどお構いなしに売ってしまう。飼い主に何があっても動物が残されても〝あずかり知らぬ〟姿勢であることは察しがつきます。

最大の違いは、そこに「ペットとともに暮らしたいという高齢者の思いを尊重する心があるか」ということなのです。

――私たち「Ｅｖａ」が京都市に提案しているのは、高齢者と動物愛護団体と行政の三つ巴でウィン・ウィンの結果を生み出す、関わる誰もが幸せになれるプロジェクトです。

こうした発想は、決して特別なものではありません。行政がほんの少し考えればすぐにでも実現できるレベルの話です。ですが、残念なことに行政からはそうした発想がなかなか生まれてこないのですね。

だからこそ、私たち愛護団体からアクションを起こさなければ何も始まりません。

高齢者と動物を救い、みんなが幸せになれる一石二鳥の「生きがいプロジェクト」、全国にも広がってほしいと願っています。

子どもたちの純粋な「思い」や「怒り」が社会を変える力に

動物にやさしい世界をつくる。そのために今、力を注がなければいけないのは子どもたちの心を育てる教育です。

子どもたちに生命の尊さを教えること。人の命も動物の命も、どんな命もかけがえのない大切なものだと教えること。

それは私たち大人に課せられた大きくて重い責任なのです。

私もこれまでに、小学校の授業に呼んでいただいたり、民間のサマースクールでトークイベントをしたりと、子ども向けの講演を何度も行ってきました。

そこではペットショップで売られている子犬や子猫はどういう境遇で育てられ、どんな扱いを受けているのか。捨てられたり売れ残ったりした動物はどうなるのかなど、動物たちの置かれた現実を、できる限り子どもたちに理解しやすい言葉で伝えるようにしています。

そうした機会でいつも驚かされるのは、子どもたちの反応の変化です。

もちろん子どもによってそれぞれリアクションは違うのですが、なかには正義感が強い子、感受性がものすごく豊かな子もいて、そうした子たちは私の話を聞いているうちにみるみる表情が変わってきます。

ただ「動物がかわいそう」という思いだけでなく、その現実に対して感じている強い怒りが表情にあふれ出してくるんです。

話が終わって子どもたちとディスカッションをすると、今にも泣きそうな顔をして聞いていた男の子がさっと真顔になって、

「動物の命をこんなふうに扱うなんて、僕は許せない。僕にもし1億円あったら、そのお金を全部使って動物を助けます！」

と熱く語り出したり、

「ペットに税金を付けたほうがいい。簡単な気持ちでは買えなくなるんじゃないか」

といった小学生とは思えない、大人顔負けの論理的な発想で思いを訴えかけてくる子がいたりするのです。

また以前、私の講演を聞きに来てくれた小学生のなかに、動物が大好きだから、かわいい動物たちのお世話をしたいから、大きくなったらペットショップで働きたいという夢を持っている女の子がいました。

後日、その女の子はお母さんと一緒に、東日本大震災で亡くなったペットを絵本作家やイラストレーターの手で絵の中によみがえらせて飼い主との心の結びつきを伝える絵画展『震災で消えた小さな命展』にも来てくれました。

彼女は展覧会を主催している絵本作家の方に、こんな話をしたそうです。

「杉本彩さんの講演でペットの置かれている現状を知ってから、自分の考え方が大きく変わりました。それまではペットショップで働きたかったけれど、今はもうそうは思いません。それをどうしても伝えたくてここに来たんです」と。

純真な子どもたちだからこそ、真実を知ったときの驚き、衝撃、そして動物たちを救いたい気持ち、変わらない現状への怒りが、素直に言葉や表情に表れてきます。

そして「なんとかしなきゃ」「何ができるのか」を子どもなりに真剣に考えるようになる。そのまっすぐな思いが、動物たちの今を変えていく大きな力になるのです。

子どもたちに〝命の真実〟を教えることは、動物愛護活動のこれからのため、動物にやさしい社会づくりのために、何よりも大切なのだと痛切に感じています。

また、子どもたちには、「今日知った動物たちの命の真実を、ぜひとも家に帰ってご両親に話してください」と言っています。

子どもとの会話のなかで、子どもたちの口から動物たちの現状を知れば、それを聞いた親の意識もより高くなるはず。多くの家庭でそうした会話がなされれば、大人たちの意識も変わっていくのではないでしょうか。

子どもたちに対する積極的なアプローチは、将来的なことだけでなく、今の大人た

「生き方学　小さないのちを守るために～人と動物がともに生きる社会～」と題して小学4年生から6年生のお子さんたちに向けて動物愛護講演

ちを動かすことにもつながってくるのです。

こうした経験を基に私は「Ｅｖａ」の活動として、子どもたちの豊かな人間性を育み、命と心を大切にする豊かな社会を実現するために、動物を通じた命の尊さややさしい気持ちを育む『いのち輝く こどもＭＩＲＡＩプロジェクト』への取り組みをスタートさせました。

具体的には、全国から応募いただいた小・中学校を訪問して、動画（１２０ページ参照）やスライドを上映しながら、「いのちの講座」を開催。また、ワークショップも行うなど、子どもたちと一緒に、子どもたちと同じ目線に立って、命について考えようというものです。

将来大人になって多くのことを自らの意思で選択できるようになったとき、子どもの頃に学んだ「命の大切さ、命の尊さ」を心の片隅から引き出してもらえるような、そんなプロジェクトにしていきたいと思っています。

小・中学校の道徳の授業に「動物愛護」の導入を

「Ｅｖａ」をはじめとした動物愛護団体によるこうした取り組み以上に重要なのが、学校教育です。私は、子どもたちへのアプローチや啓発活動として、全国の小・中学校の道徳授業で、必須項目として「動物愛護」を取り扱うべきだと考えています。

ただ問題は、小・中学校における道徳授業の位置付けです。

現在、小・中学校の道徳授業は教科外活動とされ、週１コマで実施されていますが、道徳の時間を他の教科の授業に使っている学校もあるなど、多くの場合、形骸化しており、ほぼ〝あって無きが如し〟の状態というのが実情です。

教科外活動ゆえに個々の教員の意識や現場の裁量に委ねられ、国や自治体による「決まり事」として義務化されていなかったため、学校や教員によって指導の格差が大きいことも、道徳授業が軽んじられる原因になっていました。

学校長が道徳教育についてどう考えているか、学年主任やクラス担任の教員にその意識があるかないか。教育の現場でも〝人〟によって指導への力の入れようが違ってしまうのです。

その他の授業で忙しくて、これ以上余計な労力を使いたくない。教科外活動で負担が増えるようなことはしたくないという教員も多いのでしょう。たとえ担任の先生が「やりましょう」と言っても、校長がNGを出すケースも少なくなかったようです。

しかし、そんな道徳授業に大きな転機が訪れています。

文部科学省は2015年3月、学校教育法の施行規則を改正し、これまで教科外活動という位置付けだった小・中学校の道徳の時間を、国の検定教科書を使って行う

「特別の教科」に格上げしたのです（教科としての授業は18年度から始まる予定）。

その学習内容は、現行の学習指導要領が示している「自分自身に関すること」「他の人とのかかわりに関すること」「自然や崇高なものとのかかわりに関すること」「集団や社会とのかかわりに関すること」の4つの視点に加えて、新たに、「環境問題」や「生命倫理」、インターネットの普及を背景にした「情報モラル」といった内容を扱うことも求められています。

この道徳授業の格上げ改正は、動物愛護活動の普及、意識向上のための大きなチャンスです。

「Ｅｖａ」でも、文部科学大臣を直接お訪ねして「道徳の学習指導要領において、生命倫理の項目に『動物愛護』を必須項目として導入してほしい」という要請をさせていただきました。

犬や猫の殺処分、投棄や放置といった現状を学び、身近な動物たちの命と向き合うことは、子どもたちが「命」について考えるために非常に重要だと思います。

動物を守る、動物の命を大事にする。動物という、社会のなかでもっとも弱い立場の命を思いやる心を育てることは、人も植物も動物も、すべての命を大切にする心を育むことに必ずつながっていくはず。いじめや少年犯罪などの子どもたちの心の荒廃に歯止めをかけることができるはず。私はそう信じています。

すべての小・中学校で、すべての子どもたちに、動物愛護を通してすべての命の大切さを学ぶ授業を――。それが「人にも、動物にもやさしい社会」の礎になるのです。

真実を知ってもらう――それが「Ｅｖａ」の役割

２０１４年2月、私は自分が続けてきた動物愛護活動をより強く、推し進めるために「公益財団法人　動物環境・福祉協会Ｅｖａ」を設立しました。

「Ｅｖａ」では動物たちの命や被災動物について考えるイベントやプロジェクト、講演会の開催や映画上映会などを通した動物愛護の普及啓発を中心に行っています。

実は、今の日本の動物愛護団体は保護活動に特化したところが多く、普及啓発を活動の中心にしている団体はほとんどありません。普及啓発については、アーティストや写真家の方が自身の作品を通じて動物愛護を訴えるといった個人的で地道な活動が中心になっています。

しかし私は考え抜いた末に、あえて普及啓発を「Ｅｖａ」の活動の中心に据えました。それは、世論を巻き込んだムーブメントをつくるような普及啓発は、より大きなエネルギーを投じて臨むことで可能になるというのも、また事実だからです。

さまざまな方面で、さまざまな形で動物愛護活動をしてきて、切実に思うことがあります。それは世の中を動かそうというとき、私たち「Ｅｖａ」がやっているような普及啓発活動は、ものすごく遠回りのように見えて、実はいちばんの近道なのではないかということです。

政策提言などの形でどれだけ国や自治体に働きかけをしようが、世の中の声が大きくならなければ、結局は何も変わらないだろうというのが実感としてわかるのです。

そこで「Ｅｖａ」という団体が今やるべきこと、今できることを「動物愛護という意識の普及啓発活動」に絞り、全力を注ぐことを決意したのです。

そして同時に、保護活動をしている団体のサポートや動物愛護関連の政策提言、国や自治体への適正な動物管理の働きかけなども行っています。

また私自身が現在、芸能界で仕事をしていることで、情報発信においてメリットがあるという理由もあります。

実は、悪質な繁殖業に対して直接保護に入る、改善依頼をする、抗議活動をするなどのアクションを起こした愛護団体の方々が、逆に嫌がらせを受けたり脅かされたりするなど怖い目に遭うケースも決して少なくありません。そういうことを経験して、直接的な活動に不安を覚えている人もいるのです。

そうした方々にとって、私自身のスタンスが他の動物愛護団体から支持を受け、頼りにされる拠りどころのひとつになるのであれば、そうしたサポートもまた、「Ｅｖａ」のやるべきことだと思っています。

群馬動物愛護講演会にて、アニマルポリスの必要性、パピーミルの実態、地域猫活動などについて語る

「殺処分ゼロを目指して、私たちができること」をスローガンに徳島県で開催された講演会とパネルディスカッション

おわりに

お金では絶対に買えないものがあります。愛や友情や信頼のような、形のないものです。人が本当の幸せを知るためには、この目に見えないものを得ることが何よりも大切だと思います。

しかしこの世の中は、お金を出せば何でも手に入るとか、お金があれば幸せになれるとか、お金に支配された考え方が蔓延しています。お金に惑わされ、お金にすべての価値を見出そうとするがゆえに、それが人に間違った選択をさせているようにも思います。

ニュースで耳にする建物の耐震偽装やマンションの杭打ち偽装、長距離ツアーバスの杜撰《ずさん》な安全管理、食品偽装と衛生管理上の問題等々、企業のモラルや社会的責任よりも、利益を最優先するやり方が、昨今続々と露呈しています。健康被害だけでなく、命の危機にもつながる深刻な問題であるにもかかわらず、どうしてそんな愚かな選択ができるのか理解に苦しみます。おそらくは、利益至上主義によって〝金の亡者〟となり、人として大切なことを忘れ去り、心が麻痺して卑しい選択に疑問を感じなくなっているのかもしれません。

ペット流通の業界も、そんな世の中に浮上した問題だらけの忌まわしい企業と同じだと思います。しかし、どういうわけか堂々と自分たちのビジネスを正当化しています。

それは、これまでに述べてきたとおり、動物たちの命が軽視される抜け道だらけの法律や規制や制度により、無法地帯になっているからです。

利益のための命の犠牲の最たるものは戦争なのかもしれませんが、戦争は多くの人が受け入れてはいけないものとして認識しています。けれどペットの生体販売については、まだまだその認識が足りないのが現状です。「ペットはお金で買うもの」と刷り込まれて何の疑問も持たない人々のどれだけ多いことか――。

しかしながら、感情があり心があり、知能の高い動物たちの命をお金で買うということがいかに残酷で、間違った行為であるかは明白です。

私は、ある先生の生きる姿勢にいつも学ぶことがあります。社会に貢献することを念頭においたその先生の生き方に感銘を覚えます。

その先生の人生を導いた師匠のような人が、こんなふうにおっしゃっていたそうです。「お金に惑わされるな。お金は人の本当の価値を知るために、神が与えたただの道具に過ぎない。人はいつもお金によって試されている」

神の存在についてはさておき、お金にまつわるすべての事柄や価値観に人の本当の価値が問われているのは確かだと思います。だから、お金によって人や社会が惑わされるのは当然のことかもしれません。

お金は、人や動物を助ける素晴らしい道具になることもありますが、その扱い方によっては人としての魂をひどく汚してしまうもの。本当に怖いものだとつくづく思います。

人間社会のなかでいちばん弱い存在である動物たちが、これ以上、人間の醜い欲望のために理不尽に命を奪われ、苦痛を強いられることは何としてもやめなければならないと心底思うのです。

従来型の生体展示販売を行うペットショップは市場から淘汰されるべき、人の醜い欲望の産物です。

私は、現在もたくさんの保護した犬や猫と、家族として暮らしています。みんな心や体に傷を負って、私の元にやってきました。しかし今では見違えるように幸せになって、いきいきと行動し、きらきらと目を輝かせています。

動物を不幸にするのも人間、幸せにするのも人間です。私たち人間のちょっとした行動と心が、動物たちの運命の明暗を分けます。

命とどう向き合い、命をどう扱うかという、何よりも大切な命に対する重い責任を、私たち一人ひとりが自覚しなければならないと思うのです。

命をお金で買わない。――こんなキャッチコピーのポスターをつくりました。
それでも命を買いますか?――この本にはこんなタイトルをつけました。

この文言を見て、「ペットショップで買ってしまった私は、それをずっと後悔しなければいけないのか」「私はそんなに責められるようなひどいことをしたのか」と気分を害される方がいるかもしれません。

この本を読んでくださった方、「Ｅｖａ」のポスターを見てくださった方のなかには、ペットショップで動物を買ったという人も数多くいらっしゃるでしょう。

でも私には、そのことを、その人たちを、責めたり批判したりする気持ちは微塵もありません。

買った動物たちに大きな愛情を注ぎ、大切に育てている人には心から共感し、その慈愛に敬意を表したい。そう思っています。

だからこそ、動物たちを愛するやさしい心の持ち主にこそ、知ってほしいのです。

動物たちの命の真実を。

日本のペット業界の真実を。

ペット業界では動物たちがどんな環境に置かれ、どんな扱いをされ、どのように過ごしているのかを。

真実を知って、真実を受け止めて、改めて目の前の子たちの命の尊さに思いを馳せたとき、きっと、より深くより大きな愛情が芽生えるでしょう。

もし「2頭目を」と思ったときは、きっとペットショップではなく保護施設から迎えようと思うでしょう。

その決断が第一歩なのです。この本を書いたのも、より多くの人にその第一歩を踏み出してほしかったから。

動物たちにやさしい社会づくりとは、真実を知ること、そしてひとりひとりがその真実から何かを感じ、何かを学ぶことから始まるのだと思います。

最後になりましたが、このメッセージを伝える手段として出版のチャンスを与えてくださいました株式会社ワニ・プラス代表の佐藤俊彦様と、本書の完成に多くのエネルギーを費やしご尽力くださった編集者の柳沢敬法様に、心より感謝申し上げます。本書が、やさしい社会の実現のために、少しでもお役に立てることを願っています。

2016年3月

杉本　彩

「Eva」が動物愛護の普及啓発のために作成したポスター。
殺処分の数字は平成25年度のもの

それでも命を買いますか？

ペットビジネスの闇を支えるのは誰だ

著者　杉本　彩

２０１６年３月25日　初版発行
２０２０年２月10日　２版発行

杉本　彩（すぎもと・あや）
１９６８年、京都市生まれ。女優・作家・ダンサーのほか、コスメブランド「リベラータ」やカレー＆ワインのレストラン「Ｋｏｕｍｅ」などのプロデューサーとしての顔も持つ。20代から始めた動物愛護活動の経験を活かし、２０１４年２月、一般財団法人動物環境・福祉協会Ｅｖａを設立し理事長に就任。その後Ｅｖａは公益財団法人となり現在に至る。動物虐待を取り締まるアニマルポリスの導入や動物福祉の整備を行政に訴え、さらに、講演などを通じて積極的に動物愛護の普及啓発活動を行っている。著書に『ペットと向き合う』（廣済堂出版）、『リベラルライフ』（梧桐書院）など。

発行者　佐藤俊彦
発行所　株式会社ワニ・プラス
〒１５０-８４８２
東京都渋谷区恵比寿４-４-９　えびす大黒ビル７Ｆ
電話　０３-５４４９-２１７１（編集）
発売元　株式会社ワニブックス
〒１５０-８４８２
東京都渋谷区恵比寿４-４-９　えびす大黒ビル
電話　０３-５４４９-２７１１（代表）

編集協力　柳沢敬法
装丁　橋田浩志（アティック）
小栗山雄司
ＤＴＰ　平林弘子
印刷・製本所　大日本印刷株式会社

ISBN 978-4-8470-6093-9
ワニブックスＨＰ　https://www.wani.co.jp